大人小孩都愛的

米蛋糕

沒有麵粉也能作蛋糕

烘焙達人・杜麗娟◎著

【目錄】CONTENTS

以愛心烘焙米蛋糕

謹以此書獻給麵粉麩質過敏及喜無添加的烘焙愛好者。

從小看著好手藝的母親，又是作包粽子又是作粿，年節拜拜幾乎少有需要向外採購，就連釀醬油這事也是難不倒她，雖辛苦麻煩卻未曾聽過母親有任何抱怨，只要子女喜歡反而是作得滿心歡喜；我想那是不善用言語表達的母親對子女表達愛的方式。

或許是因為這樣的關係，當自己結婚有了家庭，我開始也愛動手作這作那，除了想念媽媽的味道外，更多的是對家人的關心，希望他們吃的幸福、吃的健康，只要家人喜歡，一切的辛苦麻煩都已消失無踪，應有很多的讀者和我一樣吧！

在這裡感謝雅書堂給我這樣的機會和大家來分享我的烘焙經驗 — 以米粉作蛋糕，因著特性不同需要不斷的試作，過程中家人和親朋好友都成了忠實的試吃者，在這裡要謝謝他們所提供的寶貴意見。而在短短三天的拍攝過程中要感謝老爺多方的支持，讓家中的客廳成了臨時的攝影棚，也謝謝家中的兩位寶貝女兒（備料手）和兒子（顧爐手），因為你們的幫忙，我才能在短時間內拍完全書所需蛋糕。也要謝謝兩位姐姐，因為有妳的幫忙讓我不用擔心善後的問題，還讓我們在忙得不可開交之際，吃到香噴噴的油飯，我想除了謝謝之外，心中還有更多的感恩。

最後僅將此書獻給高齡九十的母親及在天上的父親，希望你們會喜歡，因為這不只是我一人作的書，而是我們一家人同心協力作的書，也希望各位讀者在製作及和家人享用時和我一樣感受到滿滿的幸福與愛，祝福大家！

米蛋糕vs.麵粉蛋糕

米粉、麵粉是從不同植物中提煉出來的澱粉，

因兩種粉類的濕度、特質不同，

經拌勻烤焙後端出來的成品，

各有特色卻都好味，

先讓我們來徹底比較一下吧！

米蛋糕		麵粉蛋糕
粉無筋性，支撐性較差。	粉的特性	有筋性，支撐性較好。
攪拌均勻，一經久置就易沉底，粉與液態分開。	製作過程	攪拌均勻，不易有沉澱現象發生。
蓬鬆偏軟，成品較易回縮塌陷。	出爐成品	蓬鬆有支撐性，成品完整較不易回縮塌陷。
組織細緻，濕潤軟綿	品味口感	組織細緻，乾燥柔軟
一般蛋糕 3 天 磅蛋糕 5 至 7 天	賞味期限	一般蛋糕 3 至 5 天 磅蛋糕 7 至 10 天
米香十足	香　　氣	麥香十足
大人小孩皆可	食用族群	適合普羅大眾，唯對小麥過敏者不適。
室溫與冰箱皆可（置於冰箱的口感會稍硬）	保存方法	室溫與冰箱皆可

PART 1

準備篇
烘焙米蛋糕預備講座

架構美味的基礎分子

常因不瞭解而害怕失敗，
新手入門只要掌握重點，
就能端出讓人一吃成癮的好味道。

讓人安心的主材料 — 米粉

麵粉不是烘焙主材料的唯一選擇，改用「米粉」做蛋糕才叫高手，現在就來徹底研究吧！

蓬來米粉

在來米粉

蓬來米磨成的粉，如同平常吃的米飯，具有點黏又不會太黏的特性，與麵粉比較起來無筋性、較Q，製作出來的蛋糕口感蓬鬆濕潤又細緻綿密，適合製作戚風蛋糕、杯子蛋糕、天使蛋糕等。

在台灣常拿在來米粉來製作蘿蔔糕、碗粿等傳統點心，因在來米粉與蓬來米粉屬性相同，但黏性稍微差一點，製作出來的蛋糕口感較軟，可依個人喜好選擇製作天使蛋糕、戚風蛋糕、杯子蛋糕、海綿蛋糕等。

糙米粉

在強調天然健康的現在，以糙米
磨成的粉取代麵粉或蓬來米粉製
作蛋糕是一種潮流，營養豐富又
健康，滋味天然又Q軟，香氣十
足。唯吸水量很高，完美拿捏粉
與水的比例是成品好吃的關鍵。

紫米粉

糯米粉

紫米含有豐富營養，有著淡雅浪漫的顏色，又有著特殊
的香氣，相當受到世人喜歡。與糙米粉一樣吸水量相當
高，但水量若太少，會讓成品組織看來粗糙，過多則無
法成功，抓準水量是最大重點。

糯米粉具有較高的黏性，還有著柔軟、韌滑的特性，一
般不會直接拿來做蛋糕，而是利用其凝結性，製成口感
軟Q的麻糬，或作為內餡。

基礎烘焙材料

瞭解必備材料特質，
多元組合，創造驚喜美味。

① 奶油

一般奶油是完全自牛奶中提煉出來的固態油脂，聞來有濃郁的奶香味，分無鹽奶油與有鹽奶油兩種，一般烘焙採用無鹽奶油較多，可使蛋糕組織柔軟、增香，蛋奶素食者可食用。保存方式為冷藏約兩週，冰凍可數月。而乳瑪琳是經氫化過的人造植物奶油，屬反式脂肪，人體較難代謝。

註：一般認為奶油為葷食，其實烘焙西點用的奶油（Butter Fat）多是由牛奶中提煉而成，而料理上用的牛油（Butter Fat）是自牛脂肪中提煉出來的，建議蛋奶素食者於購買時詳細閱讀包裝上的成分說明較妥當。

② 苦甜巧克力

以可可豆提煉出來的苦甜巧克力，在烘焙上有各種口味，如白色的牛奶、香草，黑色的純巧克力，使用前只要隔溫水加熱融化，或是不融化以削皮刀或花嘴刮切出巧克力薄片做為蛋糕裝飾。

③ 無糖豆漿

對於牛奶過敏者，可以無糖豆漿取代牛奶，製作出來的蛋糕有著香濃豆味，滑嫩細緻。（若你不愛豆漿的豆味，也可以各式果汁來取代，但其餘食材就要注意搭配上是否對味。）

④ 牛奶

牛奶是製作蛋糕時可取代水分的材料之一，可依各人喜好採用鮮奶或以奶粉沖泡的還原奶皆可，天氣熱時要注意新鮮度，最好放在冰箱保存，要使用時再拿出來較好。

⑤ 蛋白

雞蛋為蛋糕中不可缺少的主材料,一定要採用新鮮且中等大小的蛋較適合,一般採用全蛋,如遇天使蛋糕、戚風蛋糕等則需蛋白、蛋黃分開打發。蛋若冰過,建議先放在室溫中回溫再進行分蛋的動作。

⑥ 鮮奶油

市售分有植物性及動物性兩種,動物性鮮奶油是自牛奶中分離出來的,具有拌打起泡的作用,且有濃郁奶香,無論用在蛋糕或打發裝飾都相當討喜。依不同品牌的賞味期限有所不同,請依説明放入冰箱冷藏保存。

⑦ 沙拉油

選擇以大豆提煉的沙拉油來製作戚風及海綿蛋糕,葷素皆可食用。因本身沒有味道,不搶味,還有相當好的融合性,少量添加可幫助蛋糕成品組織柔軟,風味更佳。

⑧ 蛋黃

雞蛋具有起泡、凝乳及乳化等特性,而蛋黃不只是製作蛋糕中不可缺少的主材料之一,還能當成畫成千葉紋線條等天然顏色材料,經烤焙後呈漂亮的金黃色,無需採用食用色素。

⑨ 糖

糖是所有烘焙成品最不可缺少的材料,最常用的有細砂糖、紅糖及糖粉三種。砂糖除能產生甜味外,還具有在攪打過程中幫助起泡,在烤焙過程中遇熱產生誘人香氣,還能讓成品增加漂亮顏色等多種功用。糖粉則是最後裝飾時最常用到,能讓蛋糕外表更迷人,更具價值感。紅糖的甜度沒有砂糖高,其有特殊香氣,調味時使用較佳。

基礎烘焙器具

事前備好基礎器具,
正式開工,才不會摸不著頭緒。

① 容器

選擇圓底無死角的容器,無論在盛放食材或攪拌打發時都較方便取用,材質建議以不鏽鋼或玻璃為主,長期使用上較易清洗,不沾味道。

② 圓形烤模

一般家庭最常用的烤模,常用的可分為4吋、6吋及8吋,新採購的烤模都會有一層保護膜或蠟,建議不只要先清洗乾淨,還要先入烤箱烤過後才能開始使用,發揮最好的效果。

③ 篩網

依篩網大小有不同功能,大的主要功能是所有粉類在製作前要先以篩網過濾結塊或雜質,小一點的可篩裝飾糖粉,還有過濾茶汁等,讓成品吃起來細緻美味。

④ 中空烤模

讀者可依各人喜好挑選烤模形狀,而中空烤模因導熱的緣故,會比實心的烤模烤出來的成品更加膨鬆,適合製作體積較易膨的戚風蛋糕、天使蛋糕等。

註:還有各式形狀烤模,及烤焙用紙杯等多款選擇,可依個人喜好及份量至賣場選購,成品就會有不同的造形唷!

⑤ 磅秤

烘焙西點需要每一樣材料都是精準的份量，建議買一個最低可秤量至1公克的電子磅秤，使用時置於水平桌面，只要測量份量正確，再按步驟操作就能成功作蛋糕。

⑥ 打蛋器

一般可分直型、螺旋型、電動打蛋器，常用在打發蛋液、鮮奶油，以及將食材攪拌均勻等，若要製作大份量的烘焙西點，建議以手提電動打蛋器會較省時省力。

⑦ 橡皮刮刀

橡皮刮刀與抹刀不同，它具有彈性，常用在攪拌材料或將米糊自容器內刮出倒入另一容器中，唯耐熱度不高，若是用在攪拌正在加熱中的材料，需使用耐高溫的橡皮刮刀或以木匙取代較好。

⑧ 量杯

常用材質有鋁、玻璃、壓克力等，因杯上有刻度，用於秤量水、牛奶、豆漿、茶汁等液態食材。

⑨ 烤焙紙

烘焙專用的烤焙紙用來襯墊在烤模底部，避免麵糊與烤模直接接觸，造成沾黏不好脫模，若臨時找不到烤焙紙亦可用錫箔紙或烘焙用白報紙替代，唯用錫箔紙，效果較不好。

⑩ 刮板

不同於刮刀，刮板可以混合麵糰及奶油等黏稠物，且輕易清潔工作桌面。

| PART 2 |

捲起袖子，
開始作米蛋糕吧！
堅持才有的好味道

天然無化學添加物的米蛋糕，
又香又鬆又軟又綿，驚異你的味蕾。

新手初級班

簡單調製好米糊,倒入烤模、放進烤箱,輕鬆享受烘焙樂趣。

製作米蛋糕二三事

Q1 米粉可以直接替代麵粉的份量嗎？

A1 不一定。因米粉的黏著性、筋性與麵粉不同，少部分蛋糕烘焙成品可以如此作，而餅乾、派等都要採用新配方，才會易作又好吃。

Q2 米粉的吸水量與麵粉一樣嗎？

A2 不同。由米研磨而成的米粉，吸水性較麵粉來得高，且如在來米粉、蓬萊米粉、紫米粉等每一種米粉的吸水性也不盡相同，水量的控制變的相當重要，以免糊化效果不好，會造成口感上或組織上的不同。

Q3 米粉與麵粉一樣容易攪拌均勻嗎？

A3 米粉較蓬鬆且不易結顆粒比麵粉更易拌勻，但摸起來會有沙沙感，唯米粉在攪拌均勻後要立即進接續的動作，不要靜置，以免米粉會沉底與液態分開，與太白粉水放久一樣。（尤其在較稀的米糊中較易沉澱的狀態）

Q4 米粉需要事先過篩嗎？

A4 是的。所有的粉類材料的第一個準備動作就是「過篩」，目的過濾掉因濕潮而結塊的粉粒與雜質，讓蛋糕口感更細緻，品質也會更蓬鬆。

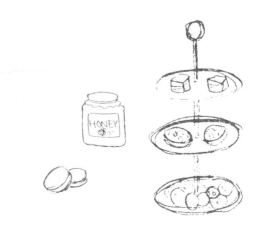

POINT

配方中的堅果等材料勿和牛奶及蛋液等浸泡過久，因過久會使口感較差（軟軟的）或烘焙後隔天堅果內的水分釋出，導致蛋糕中間呈現濕軟的狀態且易酸敗。

健康糙米蛋糕

🌏 份量　10 個 50 公克紙烤杯
🔥 溫度　上火 190℃／下火 160℃
❋ 時間　約 20 分鐘

🍃 材料

A 蛋黃　80 公克
　　鹽　少許
　　無糖豆漿　80cc
　　沙拉油　32cc
B 糙米粉　80 公克
C 蛋白　160 公克
　　細砂糖　68 公克
D 南瓜子　適量
　　葵瓜子　適量
　　枸杞　適量

🍳 作法

1. 糙米粉過篩，備用。
2. 取所有材料A一起放入鋼盆中攪拌均勻。
3. 將材料B的糙米粉倒入作法2中攪拌均勻，至米粉完全吸收成為質地均勻的米糊。
4. 取材料C中的蛋白放入鋼盆中打至起泡，倒入約1/3的細砂糖以球狀打蛋器攪拌至完全溶化且泡沫細小，再倒入另外1/3的細砂糖，攪拌至顆粒完全溶化。
5. 倒入剩下的細砂糖，持續攪拌至濕性接近乾性發泡狀態，成蛋白糊。
6. 取作法5的1/3蛋白糊放入作法3的米糊中拌均勻。
7. 將作法6倒入剩餘的2/3蛋白糊中，放入2/3材料D，充分攪拌至均勻。
8. 取紙烤杯，依序倒入作法7（約9分滿）。
9. 將剩餘的材料D混合，均勻撒在烤杯表面，並輕敲烤杯。
10. 將烤杯放入已預熱上火190℃／下火160℃的烤箱中，烘烤至上色，降上火至150℃烤至熟，約20分鐘後即可取出。

椰香紫米戚風蛋糕

🌀 份量　2 個 16.5×6.5 公分中空模
🔥 溫度　上火 180℃／下火 160℃
❄ 時間　20 至 25 分鐘

🥄 材料

A　蛋黃　76 公克
　　牛奶　51 cc
　　椰漿　51 cc
　　沙拉油　31 cc
B　紫米粉　76 公克
C　蛋白　151 公克
　　細砂糖　64 公克
　　鹽　少許

🍴 作法

1. 紫米粉過篩，備用。
2. 取所有材料A一起放入鋼盆中攪拌均勻。
3. 將作法1已過篩的紫米粉倒入作法2中攪拌均勻，至米粉完全吸收成為質地均勻的米糊。
4. 取材料C中的蛋白放入鋼盆中打至起泡，倒入鹽和約1/3的細砂糖以球狀打蛋器攪拌至顆粒完全溶化且泡沫變細小，再倒入另外1/3的細砂糖，攪拌至顆粒完全溶化。
5. 倒入剩下的細砂糖，持續攪拌至濕性接近乾性發泡狀態。
6. 取1/3作法5蛋白糊放入作法3米糊中拌均勻。
7. 將作法6米糊倒入作法5剩餘的2/3蛋白糊中，充分拌至均勻。
8. 取一中空模，倒入作法7的米糊（約8分滿）。
9. 以橡皮刮刀抹平麵糊表面整型，並輕敲烤模。
10. 將烤模放入已預熱上火180℃／下火160℃的烤箱中，烘烤至表面上色，將上火改為150℃繼續烘烤至熟透，約20至25分鐘後即可取出。

POINT

因材料中的椰漿含較多油脂，千萬不可因口味香濃就加入過多份量，也不能完全取代牛奶（部分可）；太多的椰漿會因油脂含量較高會影響打發蛋白的穩定性，導致消泡而成品口感粗硬。

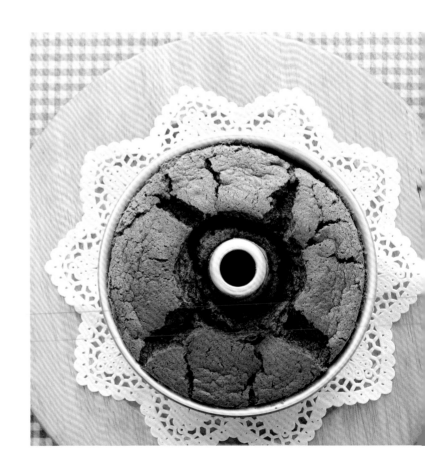

食材中出現生胚芽&熟胚芽二種，主要是堅果類食材若要拌入米糊中，一定要先烤過香氣才會足；若只是撒在表面再入烤箱，因會直接接觸烤箱熱氣，故採用生堅果可避免烤焦。胚芽的油脂含量高易氧化，使用時要注意有無油耗味；剩餘未用完的部分要放入冰箱冷藏並儘快用完。

胚芽蛋糕

🌐 份量　1 個 31×23×5.5 公分不鏽鋼盤
🔥 溫度　上火 190℃／下火 140℃
✳ 時間　約 20 分鐘

🍯 材料

A 蛋黃　135 公克
　　鹽　少許
　　無糖豆漿　80 cc
　　沙拉油　40 cc
　　蜂蜜　15 cc

B 熟胚芽　17 公克
　　在來米粉　135 公克

C 蛋白　270 公克
　　細砂糖　108 公克

D 生胚芽　適量

🔥 作法

1. 取1個31×23×5.5公分不鏽鋼盤，鋪入剪裁成適當大小的烤焙紙，備用。
2. 在來米粉過篩，備用。
3. 取所有材料A一起放入鋼盆中攪拌均勻。
4. 將作法2已過篩的在來米粉和熟胚芽一起倒入作法3中攪拌均勻，至米粉完全吸收的米糊。
5. 取材料C中的蛋白放入鋼盆中打至起泡，倒入約1/3的細砂糖以球狀打蛋器攪拌至顆粒完全溶化，且泡沫變細小，再倒入另外1/3的細砂糖，攪拌至顆粒完全溶化。
6. 再倒入剩下的細砂糖，持續攪拌至濕性接近乾性發泡狀態。
7. 先取1/3作法6蛋白糊放入作法4米糊中攪拌均勻。
8. 將作法7米糊倒入作法6剩餘的2/3蛋白糊中充分攪拌至均勻。
9. 將作法8米糊倒入作法1不鏽鋼盤中，以刮板抹平米糊並輕敲烤盤。
10. 將生胚芽均勻撒在作法9中，再放入已預熱上火190℃／下火140℃的烤箱中，烘烤約20分鐘即可。

養生多穀蛋糕

🌐 份量　20 個 25 公克圓形紙烤杯
🔥 溫度　上火 200℃／下火 160℃
❋ 時間　15 分鐘

🍫 材料

A　蛋黃　63 公克
　　　鹽　少許
　　　牛奶　56 cc
　　　沙拉油　25 cc
　　　即溶燕麥片　15 公克
　　　黑白芝麻　10 公克
　　　什錦堅果　50 公克
B　在來米粉　63 公克
C　蛋白　126 公克
　　　細砂糖　54 公克
D　綜合穀粒　適量

🍫 作法

1. 將牛奶與即溶燕麥片混合泡軟；在來米粉過篩，備用。
2. 將作法1的牛奶燕麥飲和其他所有材料A一起放入鋼盆中攪拌均勻。
3. 將已過篩的在來米粉倒入作法2中攪拌均勻，至米粉完全吸收成為質地均勻的米糊。
4. 取材料C中的蛋白放入鋼盆中打至起泡，先倒入約1/3的細砂糖攪拌至顆粒完全溶化且泡沫變細小，再倒入另外1/3的細砂糖，攪拌至顆粒完全溶化。
5. 倒入剩下的細砂糖，持續攪拌至濕性接近乾性發泡狀態。
6. 取1/3作法5蛋白糊放入作法3米糊中拌均勻。
7. 將作法6米糊倒入作法5剩餘的2/3蛋白糊中，充分拌至均勻。
8. 取圓形紙烤杯，依序倒入作法7的米糊（約9分滿）。
9. 將材料D均勻撒在米糊，並輕敲烤杯後，放入已預熱上火200℃／下火160℃的烤箱中，烘烤至表面上色，將上火改為150℃繼續烘烤至熟透，共約15分鐘後即可取出。

POINT

什錦堅果可依個人喜好調配，例如：腰果、南瓜籽、核桃、杏仁、榛果、芝麻、松子及葡萄乾等果乾，通通都可以。唯材料D的綜合穀粒不要太多，以免蛋糕口感太粗糙、過硬。

POINT

檸檬皮絲是先將檸檬洗淨，再以削皮刀把綠色的皮削下來，切成細絲即可，注意不要削到白色部分，以免口感變苦。

檸檬優格蛋糕

🌐 份量　12 個 5×3 公分圓形紙烤杯
🔥 溫度　上火 190℃／下火 170℃
❄ 時間　15 分鐘

材料

A　奶油　100 公克
　　糖粉　80 公克
B　杏仁粉　40 公克
C　全蛋　80 公克
　　蛋黃　20 公克
D　原味優格　55 公克
E　在來米粉　100 公克
F　檸檬汁　20 cc
　　檸檬皮絲　1/2 個
G　果膠　適量
　　檸檬皮絲　適量

作法

1. 奶油置於室溫下至軟化，備用。
2. 將糖粉、杏仁粉、在來米粉分別過篩，備用。
3. 材料C攪拌均勻，備用。
4. 取已軟化的奶油和已過篩的糖粉一起倒入鋼盆中拌勻，打發至體積膨大並呈乳白色，加入作法2已過篩的杏仁粉攪拌均勻。
5. 於作法4鋼盆中倒入約1/3的材料C攪拌均勻，至奶油糊完全吸收進蛋液。
6. 續倒入另外1/3的材料C，持續攪拌至和奶油糊再次完全吸收時，倒入剩下的材料C，持續攪拌直到完全吸收，再加入原味優格攪拌至均勻。
7. 將已過篩的在來米粉加入作法6鋼盆中，攪拌至完全吸收，最後加入材料F拌勻。
8. 取圓形紙烤杯，依序倒入作法7米糊（約9分滿），並輕敲烤杯。
9. 將烤模放入已預熱上火190℃／下火170℃的烤箱中，烘烤約15分鐘。
10. 蛋糕出爐後，建議再於表面均勻地抹上一層果膠即可。

伯爵蛋糕

🌐 份量　2 個 16 公分直徑圓蛋糕模
🌡 溫度　上火 180℃／下火 160℃
⏱ 時間　約 30 分鐘

🍮 材料

A 牛奶　81 cc
　　伯爵茶包　1~2 包
B 伯爵茶粉　2 公克
　　沙拉油　46 cc
　　蛋黃　116 公克
　　鹽　少許
　　蓬萊米粉　116 公克
C 蛋白　231 公克
　　細砂糖　104 公克

✍ 作法

1. 蓬萊米粉過篩，備用。
2. 將牛奶煮沸，熄火後放入伯爵茶包浸泡3至5分鐘，取出46cc牛奶茶湯（若份量不足以牛奶或水補足），備用。
3. 將作法2和除蓬萊米粉外的材料B一起放入鋼盆中攪拌均勻。
4. 將已過篩的蓬萊米粉倒入作法3中攪拌均勻，成為質地均勻的米糊。
5. 取材料C中的蛋白放入鋼盆中打至起泡，倒入約1/3的細砂糖攪拌至顆粒完全溶化且泡沫變細小，再倒入另外1/3的細砂糖，攪拌至顆粒完全溶化。
6. 倒入剩下的細砂糖，持續攪拌至濕性接近乾性發泡狀態。
7. 取1/3作法6蛋白糊放入作法4米糊中拌均勻。
8. 將作法7米糊倒入作法6剩餘的2/3蛋白糊中，充分拌至均勻。
9. 將作法8米糊倒入蛋糕烤模中，以軟刮板抹平米糊表面，並輕敲烤模。
10. 將烤模放入已預熱上火180℃／下火160℃的烤箱中，烘烤至表面上色，將上火改為150℃繼續烘烤至熟透，約30分鐘後即可取出。

POINT

若材料中的伯爵茶香味較重，可依個人喜好加減茶量，若想改用烏龍茶、綠茶等其他茶葉，那就建議不加牛奶，改以等量的水取代，風味較佳。

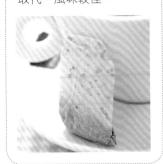

藍莓蛋糕

❂ 份量　1 個 16 公分直徑圓蛋糕模
❂ 溫度　上火 180℃／下火 160℃
❂ 時間　約 30 分鐘

❂ 材料

A 蛋黃　50 公克
　　鹽　少許
　　水　30 cc
　　沙拉油　20 cc
　　藍莓醬　35 公克
B 蓬萊米粉　70 公克
C 蛋白　100 公克
　　細砂糖　50 公克
D 藍莓粒　35 公克

❂ 作法

1. 將所有材料A一起放入鋼盆中攪拌均勻。

2. 將已過篩的蓬萊米粉倒入作法1中攪拌均勻，至米粉完全吸收成為質地均勻的米糊。

3. 取材料C中的蛋白放入鋼盆中打至起泡，倒入約1/3的細砂糖攪拌至顆粒完全溶化且泡沫變細小，再倒入另外1/3的細砂糖，攪拌至顆粒完全溶化。

4. 倒入剩下的細砂糖，持續攪拌至濕性接近乾性發泡狀態。

5. 取1/3作法4蛋白糊放入作法2米糊中拌均勻。

6. 將作法5米糊（及2/3藍莓粒）倒入作法4剩餘的2/3蛋白糊中，充分拌至均勻。

7. 將作法6米糊倒入蛋糕烤模中，以橡皮刮刀抹平米糊表面。

8. 將剩餘材料D均勻撒在作法7米糊表面，並輕敲烤模底部。

9. 將烤模放入已預熱上火180℃／下火160℃的烤箱中，烘烤至表面上色，將上火改為150℃繼續烘烤至熟透，約30分鐘後即可取出。

註：蓬萊米粉亦可以同份量的在來米粉替代。

巧克力香蕉蛋糕

🌏 份量　10 個 50 公克方形紙烤杯
🔥 溫度　上火 180℃／下火 160℃
✳ 時間　約 20 分鐘

🍃材料

A 蛋黃　63 公克
　　 鹽　少許
　　 牛奶　28 cc
　　 沙拉油　38 cc
B 去皮香蕉　95 公克
C 蓬萊米粉　94 公克
D 蛋白　125 公克
　　 細砂糖　57 公克
E 耐烤水滴形巧克力豆　適量

🍳作法

1. 蓬萊米粉過篩；去皮香蕉壓成泥狀，備用。
2. 取所有材料A和作法1香蕉泥一起放入鋼盆中攪拌均勻。
3. 將作法1已過篩的蓬萊米粉倒入作法2中攪拌均勻，至米粉完全吸收成為質地均勻的米糊。
4. 取材料D中的蛋白放入鋼盆中，倒入約1/3的細砂糖攪拌至顆粒完全溶化且泡沫變細小，再倒入另外1/3的細砂糖，攪拌至顆粒完全溶化。
5. 倒入剩下的細砂糖，持續攪拌至濕性接近乾性發泡狀態。
6. 取1/3作法5蛋白糊放入作法3米糊中拌均勻。
7. 將作法6米糊（及2/3巧克力豆）倒入作法5剩餘的2/3蛋白糊中，充分拌勻。
8. 取圓形紙烤杯，依序倒入作法7米糊（約9分滿）。
9. 將剩餘的巧克力豆均勻撒在作法8米糊表面，並輕敲烤杯。
10. 將烤杯放入已預熱上火180℃／下火160℃的烤箱中，烘烤約20分鐘即可取出。

POINT

一般巧克力遇熱會融化，材料中採用的巧克力豆為耐烤型，出爐時形狀仍完整，且甜度較低，與香蕉搭配真是天衣無縫。

南瓜松子蛋糕

🌐 份量　12 個 25 公克圓形紙烤杯
🕐 溫度　上火 200℃／下火 160℃
✳️ 時間　約 15 分鐘

🥜 材料

A 蛋黃　38 公克
　　鹽　少許
　　牛奶　28 cc
　　沙拉油　20 cc
　　南瓜泥　50 公克
B 在來米粉　50 公克
C 蛋白　83 公克
　　細砂糖　40 公克
D 松子　適量
　　南瓜籽　適量

🍳 作法

1. 在來米粉過篩，備用。
2. 取所有材料A一起放入鋼盆中攪拌均勻。
3. 將作法1已過篩的在來米粉倒入作法2中攪拌均勻，至米粉完全吸收成為質地均勻的米糊。
4. 取材料C中的蛋白放入鋼盆中打至起泡，倒入約1/3的細砂糖攪拌至顆粒完全溶化且泡沫變細小，再倒入另外1/3的細砂糖，攪拌至顆粒完全溶化。
5. 倒入剩下的細砂糖，持續攪拌至濕性接近乾性發泡狀態。
6. 取1/3作法5蛋白糊放入作法3米糊中拌均勻。
7. 將作法6米糊倒入作法5剩餘的2/3蛋白糊中，充分拌至均勻，並加入松子拌勻。
8. 取圓形紙烤杯，依序倒入作法7米糊（約9分滿）。
9. 撒上南瓜籽裝飾，並輕敲烤杯。
10. 將烤杯放入已預熱上火200℃／下火160℃的烤箱中，烘烤約15分鐘即可取出。

POINT

自製南瓜泥很簡單，只需要小南瓜洗淨，連皮切大塊狀，放入電鍋，外鍋加1杯水，蒸熟，去皮後以湯匙壓成泥狀即可，不只用在烘焙蛋糕上，加點糖拌勻也是一道簡單甜點。

布朗尼

- 🎯 份量　1 個 15×14×4.5 公分方形烤盤
- 🔥 溫度　上火 180℃／下火 160℃
- ❄ 時間　約 30 分鐘

🍫 材料

A 奶油　80 公克
　苦甜巧克力　161 公克
　蘭姆酒　16 cc

B 全蛋　94 公克
　細砂糖　54 公克
　鹽　少許

C 在來米粉　46 公克
　可可粉　4 公克

D 蜜核桃　46 公克

E 生核桃　9 粒
　防潮糖粉　適量

🍳 作法

1. 取 1 個 15×14×4.5 公分方形烤盤，鋪入剪裁成適當大小的烤焙紙，備用。
2. 將苦甜巧克力切碎後和奶油一起放入小鍋中，以隔水加熱方式使其充分融化後，加入蘭姆酒混合均勻，隔水保溫備用。
3. 將材料 C 混合一起過篩，備用。
4. 取所有材料 B 一起放入鋼盆中，攪拌至顏色乳白且濃稠，加入作法 2 攪拌均勻。
5. 將作法 3 已過篩的粉料倒入作法 4 中再次攪拌均勻，成為質地均勻的米糊，續將蜜核桃加入稍微混合均勻。
6. 將作法 5 米糊倒入作法 1 烤盤中，以軟刮板抹平烤盤內的米糊表面。
7. 將生核桃均勻撒在作法 6 的米糊表面。
8. 將烤盤放入已預熱上火 180℃／下火 160℃的烤箱中，烘烤約 15 分鐘，將上火改為 150℃繼續烘烤約 15 分鐘，取出，食用前切塊並均勻撒上防潮糖粉即可。

TIPS

蜜核桃也能自己作

材料：核桃 46 公克、蘭姆酒 5 cc、細砂糖 5 公克

1. 將核桃洗淨，瀝乾水分，與其他材料放入大碗中充分混合均勻，倒入平烤盤中，攤平使每顆核桃不會互相重疊。
2. 移入預熱上火 180℃／下火 160℃的烤箱，烘烤約 10 至 15 分鐘，至表面乾酥且呈淺金黃色即為蜜核桃。

重點步驟

①巧克力要隔水加熱，避免直接放在瓦斯爐上加熱，以免燒焦，利用水的熱度慢慢融化（巧克力內的溫度也不可過熱，約 50℃以下），就不會因過熱造成巧克力變質油水分離的狀態。

②最後撒上「防潮糖粉」作為裝飾，這時不能用一般的細糖粉，很容易因水氣就融化不見囉！

貝殼小蛋糕

- 🍂 份量　28 個貝殼形矽膠烤模
- 🔥 溫度　上火 200℃／下火 220℃
- ✳ 時間　約 15 分鐘

🍃 材料

- A　奶油　96 公克
- B　全蛋　106 公克
　　細砂糖　62 公克
　　二砂糖　24 公克
　　蜂蜜　17 cc
- C　在來米粉　75 公克
　　杏仁粉　20 公克
- D　柳橙皮屑　適量

🔥 作法

1. 奶油放入小鍋中隔水加熱至融化，備用。
2. 將材料C混合過篩，備用。
3. 將材料B一起放入鋼盆中，以打蛋器攪拌至砂糖顆粒完全溶化且濃稠的狀態。
4. 加入作法2過篩好的材料，拌至完全均勻狀態。
5. 最後加入作法1及材料D拌勻。
6. 將作法5放入擠花袋中，適量擠入至貝殼形矽膠烤模的模型凹槽中。
7. 將矽膠烤模放入已預熱上火200℃／下火220℃的烤箱中，烘烤至表面上色，將上火改為150℃繼續烘烤至熟，約15分鐘後即可取出。

重點步驟

① 矽膠烤模要挑選耐熱度高，品質較好，放入烤箱烘烤時才不用擔心是否會產生塑化劑的問題。

② 材料中的柳橙皮屑，建議選用香吉士或茂谷柑會較香。

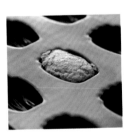

材料

A 奶油乳酪　65 公克
　　細砂糖　14 公克
　　蛋黃　112 公克
　　牛奶　65 cc
　　優格　26 公克
　　沙拉油　56 cc
B 在來米粉　140 公克
　　起司粉　20 公克
C 蛋白　225 公克
　　細砂糖　98 公克

起司蛋糕

🍃 份量　1 個 28×21×5 公分長方形烤盤
🍃 溫度　上火 200℃／下火 150℃
🍃 時間　約 25 分鐘

作法

1. 取1個28×21×5公分長方形烤盤，鋪入剪裁成適當大小的烤焙紙，備用。

2. 材料B混合過篩，備用。

3. 奶油乳酪置於室溫下至軟化，備用。

4. 將作法3軟化的奶油乳酪和細砂糖一起放入鋼盆中，攪拌至柔軟且均勻，再加入其他材料A一起攪拌至光滑的狀態。

5. 加入作法2過篩的材料，攪拌至完全吸收的均勻狀態。

6. 取材料C放入另一鋼盆中，持續攪拌至濕性接近乾性發泡狀態。

7. 將作法5加入作法6中充分拌均勻 。

8. 將作法7倒入作法1烤盤中，以刮板抹平米糊表面，整型並輕敲烤模。

9. 將烤模放入已預熱上火200℃／下火150℃的烤箱中，烘烤至表面上色，將上火改為150℃繼續烘烤至熟透，約25分鐘後即可取出。

桂圓杯子蛋糕

🌏 份量　12 個 50 公克圓形紙烤杯
🔥 溫度　上火 190℃／下火 150℃
❊ 時間　約 25 分鐘

🥄材料

A　全蛋　154 公克
　　細砂糖　27 公克
　　黑糖　32 公克
　　鹽　少許
B　在來米粉　91 公克
C　蘭姆酒　18 cc
　　沙拉油　45 cc
D　桂圓肉　72 公克
　　養樂多　91 cc
E　核桃　80 公克

🥄作法

1. 將在來米粉過篩，備用。

2. 桂圓肉切碎放入小鍋，倒入養樂多浸泡12小時，加以煮沸後瀝出桂圓肉，並留下養樂多汁，備用。

3. 將材料A一起放入鋼盆中，以球狀攪拌器攪拌至以手沾蛋糊不會滴下，且以刮刀撈起時蛋糊時流下來的紋路明顯且不易消失的狀態。

4. 加入過篩好的在來米粉，拌至完全均勻狀態。

5. 取1/3作法4米糊，加入所有材料C與作法2的養樂多汁攪拌均勻，再加入剩餘2/3作法4米糊再次拌勻。

6. 取1/2作法2的桂圓肉加入作法5米糊中拌勻。

7. 取圓形紙烤杯，倒入作法6米糊（約9分滿）。

8. 將剩餘的作法2桂圓肉及核桃，均勻撒在作法7烤杯中，並輕敲烤杯。

9. 將烤杯放入已預熱上火190℃／下火150℃的烤箱中，烘烤約5至10分鐘至表面上色且膨脹，將上火改為150℃繼續烘烤至熟，約25分鐘後即可取出。

紅麴核桃蛋糕

🌐 份量　12 個 6.5×3.9 公分圓形紙烤杯
🔥 溫度　上火 190℃／下火 150℃
✳ 時間　20 至 25 分鐘

🌰 材料

A 全蛋　155 公克
　　細砂糖　63 公克
B 在來米粉　70 公克
C 無調味紅麴醬　10 公克
　　牛奶　28 cc
　　沙拉油　25 cc
D 核桃　70 公克

🔥 作法

1. 在來米粉過篩，備用。
2. 將材料A一起放入鋼盆中，攪拌至以刮刀撈起時約停留2至3秒鐘才滴落的狀態。
3. 加入作法1過篩的在來米粉，攪拌至完全吸收的均勻的狀態成米糊。
4. 取材料C放入鋼盆中，加入1/3量米糊攪拌均勻後，倒入作法3中再次拌均勻。
5. 取圓形紙烤杯後，依序倒入作法4米糊（約9分滿），並輕敲烤杯底部。
6. 將烤杯放入已預熱上火190℃／下火150℃的烤箱中，烘烤約5分鐘，取出撒上核桃，將上火改為150℃繼續烘烤至熟透，約20至25分鐘後即可取出。

重點步驟

杯子蛋糕因紙烤模上含有膠膜，出爐後遇熱就會倒縮，所以米糊要倒約9至10分滿，成品才會蓬蓬好看。

米乳酪蛋糕

🍥 份量　1 個 6 吋蛋糕模
🔥 溫度　上火 180℃／下火 150℃
✳ 時間　約 50 分鐘

🍚 材料

A　消化餅乾　100 公克
　　溶化奶油　50 公克

B　奶油乳酪　330 公克
　　糖粉　73 公克
　　蛋黃　26 公克
　　在來米粉　7 公克

C　原味優格　50 公克
　　鮮奶油　22 公克

D　檸檬汁　15 cc
　　檸檬皮　1/2 個

E　果膠　適量

🍳 作法

1. 取1個6吋蛋糕模，內側抹上適量白油，底部鋪入剪裁成適當大小的烤焙紙，備用。

2. 奶油乳酪置於室溫下至軟化；在來米粉與糖粉分別過篩，備用。

3. 將消化餅乾放入鋼盆中壓碎，加入溶化奶油後混合均勻。

4. 將作法3均勻放入蛋糕模中鋪平並壓緊，備用。

5. 將作法2軟化的奶油乳酪和過篩的糖粉一起放入鋼盆中，拌打至均勻無顆粒狀的狀態。

6. 將蛋黃加入持續攪拌均勻，加入過篩的在來米粉，攪拌均勻。

7. 最後依序加入材料C和D攪拌均勻。

8. 將作法7奶油乳酪糊倒入蛋糕模中，以軟刮板將奶油乳酪糊表面抹平，並輕敲烤模。

9. 移入加了水的烤盤，放入已預熱上火180℃／下火150℃的烤箱中，蒸烤至表面上色，將上火關掉繼續蒸烤至蛋糕熟透（中央輕拍有彈性的狀態），全程約50分鐘，取出冷卻。

10. 將蛋糕冷凍定型後脫模，於表面均勻塗抹上一層果膠即可。

重點步驟

① 脫膜技巧好壞，決定蛋糕最後的成敗，撇步是先用熱抹布擦一下冰涼的烤模，起司遇熱會融，讓烤模與蛋糕中間有小小的縫隙。

② 此時迅速以抹刀於烤模周圍畫一圈後，倒扣，慢慢脫模形狀才會完整。

③ 此時塗上一層薄薄的果膠有保濕及裝飾效果，看起來更美味。

★★★
技巧進階班

別害怕，一步步跟著製作關鍵詳解技巧，克服製作困難，輕鬆晉級。

製作米蛋糕二三事

Q1 烤箱的選擇很重要嗎？

A1 是的。依各種烘焙產品的不同，對烤箱的要求也不同，以本書米蛋糕來說，至少要備有一台可烤全雞大小，具調整上下火功能的家庭式烤箱，就能製作出不錯的成品。

Q2 烤箱、蒸籠都要事先預熱嗎？

A2 是的。烘焙對於溫度的掌握很重要，是成功的關鍵之一。

米糊自拌好後就會開始慢慢消泡，無法在烤箱內等待加熱至足夠溫度才開始烤焙，會造成蛋糕無法成功膨脹，或粉類沉底，一般都直接以烤焙的溫度預熱至溫度足夠，蒸籠也要先將溫度加熱至水滾才放入蒸，熟成時間才會相同。

Q3 奶油一定要室溫退冰嗎？

A3 奶油大多存放在冰箱，遇冷質地會變硬，若沒有事先取出遇室溫退冰，很難切開並與其他材料混合打發，至於退冰時間要依當時天氣的溫度而定。

※使用時若需為液態的可隔水融化使用：若為打發用的，因液態的奶油包不住空氣，無法打發，所以切薄片即可加快軟化的速度。

Q4 蛋糕最重要的成功關鍵是什麼？

A4 在於「蛋白打發及加糖的時機」，拌勻時不只要糖溶化，還要有一定的程度如打至有粗泡泡時加1/3糖，完全溶化且泡泡較細時再加1/3，待有接近濕性發泡時再加1/3拌打至所需的狀態，先取1/3蛋白糊與米糊拌勻，使軟硬度、濃稠度等比重接近時，再將剩餘的倒入，可加快拌勻速度，以確保成品的口感。

Q5 如何判斷蛋糕真的熟了？

A5 因每台烤箱的爐火不盡相同，若擔心蛋糕沒有烤熟，可以一根牙籤插入蛋糕中間處，抽出後若沒有沾黏米糊就表示熟了。

原味天使蛋糕

- 🌏 份量　1 個 16 公分直徑中空模
- 🔥 溫度　上火 200℃／下火 150℃
- ❄ 時間　25 至 30 分鐘

🍃 材料

A 蛋白　181 公克
　　細砂糖　109 公克
　　鹽　少許
B 檸檬汁　11 cc
C 在來米粉　67 公克

🍳 作法

1. 將在來米粉過篩，備用。〔圖1〕
2. 將所有材料A中的蛋白及鹽一起放入鋼盆中打至起泡，倒入約1/3的細砂糖攪拌至顆粒完全溶化，且泡沫變細小，再倒入另外1/3的細砂糖攪拌至顆粒完全溶化。
3. 倒入剩下的細砂糖，持續攪拌至泡沫細緻的濕性發泡的狀態。〔圖2〕
4. 將材料B加入攪拌均勻。〔圖3〕
5. 加入過篩的在來米粉，拌至完全吸收無乾粉的狀態。〔圖4〕
6. 將作法5米糊倒入烤模中，以橡皮刮刀抹將米糊整型並輕敲烤模。〔圖5〕
7. 放入已預熱上火200℃／下火150℃的烤箱中，烘烤25至30分鐘，取出，待稍涼時倒扣，脫膜即可。〔圖6〕

POINT

天使蛋糕是一種單純用蛋白打發，且完全無油的蛋糕，烤焙出來顏色潔白無瑕，以致有天使之名。

雖然步驟不多，但想要成功的關鍵就在於「蛋白打發」的功力，尤其米製天使蛋糕完全不加水，這點需要多費心思。初學者要注意「打發用的鋼盆與蛋白不能沾到油、蛋黃或水」，若不小心沾到就會無法打發。

大約打到濕性發泡就好，也就是泡沫以刮刀撈起時的蛋白糊會呈現彎曲且下垂的部分會較長，口感才會蓬鬆，若打太過會讓成品口感太乾。

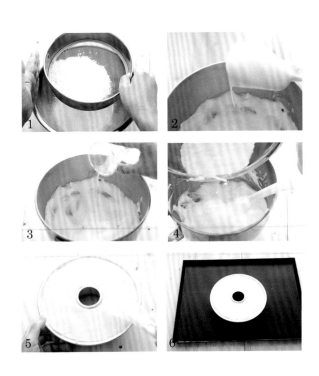

以米粉製作的天使蛋糕非
常容易因烤焙時間過久，
造成嚴重回縮，所以烤焙
的時間上需多加注意。

抹茶天使蛋糕

🌐 份量　6 個鋁箔橢圓模
🕐 溫度　上火 200℃／下火 150℃
✳ 時間　約 25 分鐘

🌿材料

A　蛋白　205 公克
　　細砂糖　123 公克
B　蓬萊米粉　71 公克
　　抹茶粉　4 公克
C　牛奶　25 cc
　　沙拉油　21 cc
D　杏仁片　適量

✏作法

1. 將材料B混合過篩，備用。

2. 取材料A中的蛋白放入鋼盆中打至起泡，倒入約1/3的細
   砂糖以球狀攪拌器攪拌，至顆粒完全溶化且泡沫變細小，
   再倒入另外1/3的細砂糖，攪拌至顆粒完全溶化。

3. 倒入剩下的細砂糖，持續攪拌至泡沫細緻的濕性發泡。

4. 加入作法1過篩的材料，拌至完全均勻的狀態。

5. 取1/3量作法4米糊，加入材料C內拌至完全吸收。

6. 將作法5米糊倒入作法4剩餘的2/3米糊中，再次充分混合
   均勻。

7. 取鋁箔橢圓模後，依序倒入作法6的米糊（約9分滿）。

8. 將材料D均勻撒在作法7米糊表面，並輕敲烤模。

9. 將烤模放入已預熱上火200℃／下火150℃的烤箱中，烘
   烤至表面結皮，將上火改為180℃繼續烘烤至熟，約25分
   鐘後即可取出。

胡蘿蔔蛋糕

🌀 份量　1 個 16 公分直徑中空模
🔥 溫度　上火 180℃／下火 160℃
✳ 時間　約 30 分鐘

🍃 材料

A　沙拉油　22 cc
　　胡蘿蔔泥　47 公克
B　蛋黃　56 公克
　　鹽　少許
　　牛奶　10 cc
　　蜂蜜　6 cc
C　在來米粉　55 公克
D　蛋白　110 公克
　　細砂糖　44 公克

POINT

胡蘿蔔是要與油結合才能
完全釋放營養的蔬菜，所
以先行炒過與其餘材料混
合才是聰明的作法。

🍥 作法

1. 將在來米粉過篩，備用。

2. 沙拉油倒入鍋中燒熱，放入胡蘿蔔泥拌炒至油呈金黃色時，起鍋放涼，備用。

3. 將放涼的作法2與作法1、材料B一起放入鋼盆，充分攪拌均勻。

4. 取材料D中的蛋白放入另一鋼盆中打至起泡，再倒入約1/3的細砂糖攪拌至顆粒完全溶化且泡沫變細小，再倒入另外1/3的細砂糖，攪拌至顆粒完全溶化。

5. 倒入剩下的細砂糖，持續攪拌至濕性接近乾性發泡。

6. 取1/3作法5蛋白糊放入作法3米糊中拌均勻。

7. 將作法6米糊倒入作法5剩餘的2/3蛋白糊中，充分拌至均勻。

8. 將作法7米糊倒入烤模中，以橡皮刮刀將米糊表面整平，再輕敲烤模。

9. 將烤模放入已預熱上火180℃／下火160℃的烤箱中，烘烤至表面上色時，將上火改為150℃繼續烘烤至熟，約30分鐘後即可取出。

POINT

磅蛋糕的成功關鍵在於製作奶油糊,全蛋若不分次加入攪拌,很容易就會有蛋液吃不進去拌不均勻,一旦不均勻就會發生油水分離的狀況,蛋糕就會失敗。

一開始的米糊太軟無法劃刀,於是在表面結皮上色之後才於表面劃一刀,主要目的是要讓成品表面裂的較漂亮。

原味磅蛋糕

🌐 份量　9 個小長條矽膠烤模
🕐 溫度　上火 200℃／下火 220℃
❋ 時間　15 至 20 分鐘

🌰 材料

A　奶油　100 公克
　　糖粉　100 公克
B　杏仁粉　40 公克
C　全蛋　100 公克
D　在來米粉　100 公克
E　牛奶　10 cc

⚫ 作法

1. 奶油置於室溫下至軟化，備用。

2. 將糖粉、杏仁粉、在來米粉分別過篩，備用。

3. 取作法1軟化的奶油和作法2已過篩的糖粉一起倒入鋼盆中拌勻，打發至體積膨大並呈乳白色。〔圖1〕

4. 於作法3中加入已過篩的杏仁粉攪拌均勻。〔圖2〕

5. 於作法4中分數次加入全蛋，每加入一次都要攪拌均勻至完全吸收才能再次加入，直至奶油糊完全吸收進全部蛋液。〔圖3〕〔圖4〕

6. 將已過篩的在來米粉加入作法5鋼盆中，攪拌至完全均勻的狀態。〔圖5〕

7. 於作法6中再加入材料E攪拌至完全吸收。〔圖6〕

8. 將作法7米糊倒入小長條矽膠烤模的模型凹槽中（每個約50公克至約8至9分滿）。〔圖7〕

9. 將烤模放入已預熱上火200℃／下火220℃的烤箱中，烘烤至表面上色。〔圖8〕查看烤箱中米糊表面若已烘烤至結皮且與模同高，即打開烤箱以刀子在米糊中央劃一刀。〔圖9〕

10. 將上火改為150℃繼續烘烤至熟，放入烤箱約15至20分鐘後即可取出。〔圖10〕

水果磅蛋糕

🌏 份量　17.5×8.5×7 公分　水果條模一條
🔥 溫度　上火 180℃／下火 170℃
✳ 時間　約 50 分鐘

🍲 材料

A　奶油　122 公克
　　糖粉　122 公克
B　杏仁粉　50 公克
C　全蛋　122 公克
D　在來米粉　122 公克
E　牛奶　12 cc
F　什錦蜜餞　30 公克
　　葡萄乾　30 公克
　　蘭姆酒　少許
G　核桃　50 公克
　　蘭姆酒　5 cc
　　細砂糖　5 公克

POINT

水果磅蛋糕並不是真的加入許多新鮮水果粒，而是以各種果乾為主，香氣十足。果乾可於平時以適量的酒浸漬備用，香氣更為濃郁。

🥧 作法

1. 奶油置於室溫下至軟化；蛋放入盆中打散備用。

2. 將糖粉、杏仁粉、在來米粉分別過篩，備用。

3. 將材料F混合均勻泡軟，備用

4. 將材料G核桃洗淨，瀝乾水分，與其他材料G放入大碗中充分混合均勻，倒入平烤盤中，攤平使每顆核桃不會互相重疊，移入預熱上火180℃／下火160℃的烤箱中，烘烤約10至15分鐘至表面乾酥且呈淺金黃色即為蜜核桃。

5. 取作法1軟化的奶油和作法2已過篩的糖粉一起倒入鋼盆中拌勻，打發至體積膨大並呈乳白色，加入作法2已過篩的材料B杏仁粉攪拌均勻。

6. 於作法5鋼盆中倒入約1/3的材料C攪拌均勻，至奶油糊完全吸收進蛋液。

7. 續倒入另外1/3的材料C，持續攪拌至和奶油糊再次完全吸收時，倒入剩下的材料C，持續攪拌直到完全吸收。

8. 將作法2已過篩的材料D在來米粉加入作法7鋼盆中，攪拌至完全均勻，再加入牛奶攪拌至完全吸收最後加入作法3和作法4處理好的材料拌勻。

9. 將作法8米糊倒入烤模中，並輕敲烤模將空氣釋出。

10. 將烤模放入已預熱上火180℃／下火170℃的烤箱中，烘烤至表面結皮，取出以刀子劃一刀，再繼續烘烤至熟，約50分鐘後即可取出。

柚橙奶油蛋糕

🌐 份量　5 個 7.5×6.5×2.5 公分心形鋁箔模
🔥 溫度　上火 190℃／下火 170℃
❄ 時間　15 至 20 分鐘

🍃 材料

A　奶油　100 公克
　　糖粉　50 公克
B　全蛋　90 公克
C　在來米粉　100 公克
D　柚子醬　30 公克
　　香吉士汁　20 cc
　　橙皮絲　1/2 顆
　　康途酒　5 cc
E　橙皮絲　適量
　　果膠　適量

註：蓬萊米粉亦可以同份
　　量的在來米粉替代。

✍ 作法

1. 奶油置於室溫下至軟化；蛋放入盆中打散；將糖粉、在來米粉分別過篩，備用。

2. 取已軟化的奶油和已過篩的糖粉一起倒入鋼盆中拌勻，打發至體積膨大並呈乳白色。

3. 於作法2中倒入約1/3的材料B攪拌均勻，至奶油糊完全吸收進蛋液。

4. 續倒入另外1/3的材料B，持續攪拌至和奶油糊再次完全吸收時，倒入剩下的材料B，持續攪拌直到完全吸收。

5. 將已過篩的材料C在來米粉加入作法4鋼盆中，攪拌至完全均勻，再加入材料D攪拌至均勻。

6. 取心形鋁箔烤模，依序倒入作法5米糊（約9分滿），並輕敲烤模底部。

7. 將烤模放入已預熱上火190℃／下火170℃的烤箱中，烘烤約15至20分鐘。

8. 蛋糕出爐後，表面均勻抹上一層果膠，裝飾上橙皮絲即可。

肉桂蘋果蛋糕

🍃 份量　6 個 5×3.9 公分圓形紙烤杯
🔥 溫度　上火 190℃／下火 170℃
❋ 時間　15 至 20 分鐘

🥄 材料

A　奶油　107 公克
　　糖粉　64 公克
B　全蛋　107 公克
C　在來米粉　75 公克
　　杏仁粉　32 公克
　　肉桂粉　1/4 小匙
D　蘋果果醬　54 公克
　　蘋果丁　54 公克
E　牛奶　11 cc

🍳 作法

1. 奶油置於室溫下至軟化；材料C（混合）和糖粉分別過篩；蛋放入盆中打散備用。

2. 取作法1軟化的奶油和已過篩的糖粉一起倒入鋼盆中拌勻，打發至體積膨大並呈乳白色。

3. 於作法2中倒入約1/3的材料B，攪拌均勻，至奶油糊完全吸收進蛋液。

4. 續倒入另外1/3的材料B，持續攪拌至和奶油糊再次完全吸收時，倒入剩下的材料B，持續攪拌直到完全吸收。

5. 將作法1已過篩的材料C加入作法4中，攪拌至完全吸收的狀態，再加入材料D攪拌均勻，最後加入材料E拌勻至完全吸收。

6. 取圓形紙烤杯，依序倒入作法5米糊（約9分滿），並輕敲烤杯。

7. 將烤杯放入已預熱上火190℃／下火170℃的烤箱中，烘烤至表面上色，將上火改為170℃繼續烘烤至熟透，全程約15至20分鐘。

豆漿拿鐵蛋糕卷

- 🌐 份量　1 條 35 公分蛋糕卷
- 🕯 溫度　上火 190℃／下火 140℃
- ✳ 時間　約 15 分鐘

🍮 材料

蛋糕材料

A 無糖豆漿　71 cc
　　即溶咖啡粉　6 公克
　　蛋黃　88 公克
　　沙拉油　35 cc
B 蓬萊米粉　88 公克
C 蛋白　177 公克
　　細砂糖　85 公克

咖啡鮮奶油材料
植物性鮮奶油　150 公克
即溶加啡粉　5 公克
熱開水　5 cc
卡嚕哇咖啡酒　適量

註：卡嚕哇咖啡酒是很香甜
　　的咖啡酒，作蛋糕或雞尾
　　酒都會用到，可於洋酒商
　　行、好上多、食品材料行
　　購買。

🔥 作法

製作蛋糕體

1. 取 1 個 35×25×3 公分烤盤，鋪入剪裁成適當大小的烤焙紙，備用。
2. 在蓬萊米粉過篩，備用。
3. 將無糖豆漿加熱至微溫，加入即溶咖啡粉調勻，再加入其他所有材料 A 一起放入鋼盆中攪拌均勻。
4. 將作法 2 已過篩的蓬萊米粉倒入作法 3 中攪拌均勻，至米粉成為質地均勻的米糊。
5. 取材料 C 中的蛋白放入另一鋼盆中打至起泡，倒入約 1/3 的細砂糖攪拌至顆粒完全溶化且泡沫變細小，再倒入另外 1/3 的細砂糖，攪拌至顆粒完全溶化。
6. 倒入剩下的細砂糖，持續攪拌至濕性接近乾性發泡狀態。
7. 取 1/3 作法 6 蛋白糊放入作法 4 米糊中攪拌均勻。
8. 將作法 7 米糊倒入作法 6 剩餘的 2/3 蛋白糊中充分攪拌至均勻。
9. 將作法 8 米糊倒入作法 1 烤盤中，以刮板抹平表面整型，並輕敲烤盤。
10. 將烤盤放入已預熱上火 190℃／下火 140℃的烤箱中，烘烤約 15 分鐘，取出放涼，撕除烤焙紙。

製作咖啡鮮奶油及蛋糕卷

11. 將即溶咖啡與熱開水調勻成濃稠狀，備用。
12. 將鮮奶油放入鋼盆中，拌打至 9 分發狀態，加入作法 11 咖啡液及卡嚕哇咖啡酒拌勻成咖啡鮮奶油。
13. 乾淨桌面鋪上一張白報紙，將作法 10 蛋糕攤平，以抹刀均勻抹上一層咖啡鮮奶油，以擀麵棍輔助捲起包成圓筒狀後移入冰箱冷藏，待定型後即可切塊食用。

波士頓派

⊙ 份量　1 個 8 吋派盤
⊙ 溫度　上火 180℃／下火 160℃
✱ 時間　約 30 分鐘

◉材料

A 蛋黃　100 公克
　　細砂糖　20 公克
　　鹽　0.5 公克
　　沙拉油　30 cc
　　牛奶　40 cc
　　蘭姆酒　10 cc
B 蓬萊米粉　100 公克
C 蛋白　200 公克
　　細砂糖　85 公克
D 鮮奶油（打發）　150 公克
　　水蜜桃粒　適量
　　防潮糖粉　適量

◉作法

1. 蓬萊米粉過篩，備用。〔圖1〕
2. 取所有材料A一起放入鋼盆中攪拌均勻，至砂糖顆粒完全溶化。〔圖2〕
3. 將作法1已過篩的蓬萊米粉倒入作法2中攪拌均勻，至米粉完全吸收成為質地均勻的米糊。〔圖3〕〔圖4〕
4. 取材料C中的蛋白放入另一鋼盆中打至起泡，將細砂糖分次加入攪拌至完全吸收且顆粒完全溶化且泡沫變細小，最後攪拌至以刮刀撈起時尖端堅挺不滴落的乾性發泡。〔圖5〕〔圖6〕
5. 取1/3作法4蛋白糊放入作法3米糊中攪拌均勻。
6. 將作法5米糊倒入作法4剩餘的2/3蛋白糊中，充分攪拌至均勻。〔圖7〕
7. 將作法6米糊倒入派盤中，以抹刀將米糊表面整型，並輕敲烤模底部。〔圖8〕
8. 將派盤放入已預熱上火180℃／下火160℃的烤箱中，烘烤至表面上色，將上火改為150℃繼續烘烤至熟透，約30分鐘後即可取出，放涼。
9. 將作法8的派以鋸齒刀橫切成兩片〔圖9〕，中間夾上鮮奶油及水蜜桃粒。〔圖10〕〔圖11〕
10. 最後撒上防潮糖粉裝飾即可。〔圖12〕

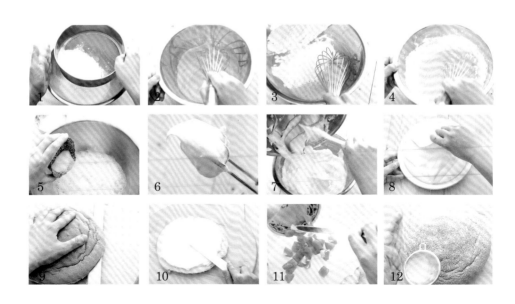

大理石海綿蛋糕

🌀 份量　2 個 16.5×7 公分圓形蛋糕模
🌡 溫度　上火 180℃／下火 160℃
❄ 時間　20 至 25 分鐘

🥄 材料

A　全蛋　227 公克
　　細砂糖　102 公克
　　鹽　少許
B　在來米粉　102 公克
C　牛奶　36 cc
　　沙拉油　34 cc
D　熱水　12 cc
　　可可粉　7 公克

🥄 作法

1. 在來米粉過篩，備用。
2. 將材料A一起放入鋼盆中，攪拌至以刮刀撈起時約2至3秒鐘才滴落1滴，且流下的蛋糊可彼此堆疊不易消失的狀態。
3. 加入作法1過篩的在來米粉，攪拌至完均勻的狀態。
4. 取材料C放入鋼盆中，攪拌均勻後倒入作法3中再次攪拌均勻為白色米糊。
5. 將材料D放入鋼盆中拌勻，加入125公克的作法4白色米糊，混合均勻為咖啡色的米糊。
6. 將作法5咖啡色米糊倒入作法4白色米糊中，攪拌1至2下後，倒入烤模中，並輕敲烤模。
7. 將烤模放入已預熱上火180℃／下火160℃的烤箱中，烘烤約20至25分鐘即可取出。

重點步驟

① 將咖啡色米糊倒入白色米糊中時要以同一角度均勻分布的慢慢倒入，出爐的紋路才會漂亮。若要有較大且及明顯的色塊效果，則兩色的米糊不要有大面積的接觸，只要在倒入黑米糊時集中於某一區塊，再以橡皮刮刀稍拌兩下分裝入模中即可。

② 倒入後只能攪拌1至2下，若攪拌太多下以致混合太均勻，顏色就會變成灰色，若怕手感不好者，可以不攪拌。

橘香千葉紋蛋糕

- 🌐 份量　1個 36×26×2 公分長方烤盤
- 🔥 溫度　上火 190℃／下火 140℃
- ❄ 時間　約 15 分鐘

🧂 材料

A 蛋黃　78 公克
　　細砂糖　15 公克
　　鹽　少許

B 柳橙汁　70 cc
　　沙拉油　54 cc

C 在來米粉　96 公克
　　玉米粉　11 公克

D 蛋白　156 公克
　　細砂糖　70 公克

E 鮮奶油（打發）　適量
　　蛋黃　1 個

🥄 作法

1. 取1個長方烤盤，鋪入剪裁成適當大小的烤焙紙，備用。
2. 將材料C混合過篩，備用。
3. 取所有材料A一起放入鋼盆中攪拌均勻，至砂糖和鹽的顆粒完全溶化，加入材料B再次攪拌均勻。
4. 將作法2已過篩的材料C倒入作法3中攪拌均勻，至米粉成為質地均勻的米糊。
5. 取材料D中的蛋白放入另一鋼盆中，倒入約1/3的細砂糖攪拌至顆粒完全溶化且泡沫變細小，再倒入另外1/3的細砂糖，攪拌至顆粒完全溶化。
6. 倒入剩下的細砂糖，持續攪拌至濕性接近乾性發泡狀態。
7. 取1/3作法6蛋白糊放入作法4米糊中拌均勻。
8. 將作法7米糊倒入作法6剩餘的2/3蛋白糊中，充分攪拌至均勻。
9. 將作法8米糊倒入作法1烤盤中，以刮板將米糊表面抹平整型，並輕敲烤盤。
10. 將材料E中的蛋黃攪拌均勻過篩，放入小型擠花袋中，均勻在作法9米糊表面直向來回擠出線條，再以竹籤在線條橫向上來回割出花紋。
11. 將烤盤放入已預熱上火190℃／下火140℃的烤箱中，烘烤約15分鐘，取出放涼。

重點步驟

① 將蛋黃液放入擠花袋中（或塑膠袋剪一小小洞），來回擠出V字型線條時手不要抖、也不要害怕，要保持一定的力道才會一致。

② 只需利用家中必備的細筷子、牙籤以橫向來回輕畫出平行的線條，就能從V字型蛋黃線條中拉出漂亮的千葉紋路。

③ 材料E的蛋黃必須是非常新鮮的，並且要均勻攪拌且過篩，畫出來的顏色才會明顯且不會暈開。

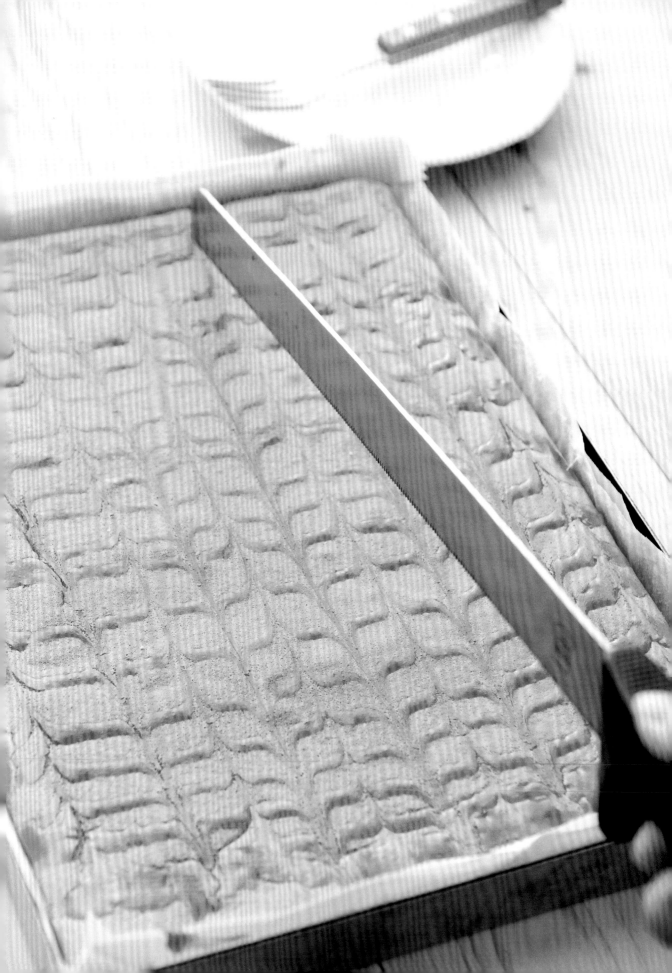

椰香芋頭蛋糕

🌏 份量　1 條 35 公分蛋糕卷
🔥 溫度　上火 190℃／下火 140℃
❄ 時間　約 15 分鐘

🍃材料

A 蛋黃　82 公克
　　牛奶　60 cc
　　椰漿　25 cc
　　沙拉油　33 cc
　　芋泥　75 公克

B 在來米粉　74 公克
　　玉米粉　8 公克

C 蛋白　164 公克
　　細砂糖　75 公克

D 芋頭餡　200 公克
　　鮮奶油　80 公克
　　椰漿　50 cc

🥄作法

1. 取 1 個 35×25×3 公分長方烤盤，鋪入剪裁成適當大小的烤焙紙，備用。
2. 將材料 B 混合過篩，備用。
3. 將材料 D 放入鋼盆中攪拌均勻成芋頭餡，備用。
4. 取所有材料 A 一起放入鋼盆中攪拌均勻。
5. 將作法 2 已過篩的材料 B 倒入作法 4 中攪拌均勻，至米粉成為質地均勻的米糊。
6. 取材料 C 中的蛋白放入另一鋼盆中打至起泡，倒入約 1/3 的細砂糖攪拌至顆粒完全溶化且泡沫變細小，再倒入另外 1/3 的細砂糖，攪拌至顆粒完全溶化。
7. 倒入剩下的細砂糖，持續攪拌至濕性接近乾性發泡狀態。
8. 取 1/3 作法 7 蛋白糊放入作法 5 米糊中拌均勻。
9. 將作法 8 米糊倒入作法 7 剩餘的 2/3 蛋白糊中，充分攪拌至均勻。
10. 將作法 9 米糊倒入作法 1 烤盤中，以刮板抹平烤盤內的米糊表面，整型並輕敲烤盤。
11. 將烤盤放入已預熱上火 190℃／下火 140℃的烤箱中，烘烤約 15 分鐘，取出放涼。
12. 待作法 11 蛋糕冷卻，均勻抹上一層作法 3 芋頭餡，以擀麵棍輔助捲成圓筒狀，待定型切塊即可食用。

重點步驟

① 蛋白糊的濕性接近乾性發泡狀態，指的是以刮刀撈起時尖端會有一點點垂下約 2 公分彎曲的勾狀且不會滴落時。

② 長形烤盤一定要先放入剪裁剛好的烤焙紙，才能將米糊倒入，成品只需撕去烤焙紙，不怕沾黏烤模。

巧克力海綿夾心

🎯 份量　約 15 份
🔥 溫度　上火 200℃／下火 180℃
✳ 時間　15 至 20 分鐘

🍚 材料

A 蛋黃　48 公克
　　細砂糖　21 公克
B 蛋白　96 公克
　　細砂糖　55 公克
　　鹽　少許
C 蓬萊米粉　70 公克
　　可可粉　10 公克
D 糖粉　適量
E 苦甜巧克力　65 公克
　　鮮奶油　65 cc
　　奶油　16 公克

🍳 作法

1. 取1個大型烤盤，鋪入剪裁成適當大小的烤焙紙，備用。
2. 奶油靜置於室溫下至軟化，備用。
3. 將材料C混合過篩，備用。
4. 將材料E的鮮奶油放入小鍋中煮沸，熄火加入切碎的苦甜巧克力攪拌至完全融化，再加入作法2軟化的奶油，攪拌至光滑後放涼作為巧克力餡，備用。
5. 取所有材料A一起放入鋼盆中，以球狀打蛋器攪拌至顏色乳白且濃稠。
6. 取材料B中的蛋白放入另一鋼盆中，倒入鹽及約1/3的細砂糖以球狀打蛋器攪拌，至顆粒完全溶化且泡沫變細小，再倒入另外1/3的細砂糖，攪拌至顆粒完全溶化。
7. 倒入剩下的細砂糖，持續攪拌至乾性發泡狀態。
8. 作法7蛋白糊放入作法5蛋黃糊中略拌。
9. 將作法2已過篩的材料C倒入作法8中拌均勻，至米粉成為質地均勻的米糊。
10. 將作法9米糊放入平口擠花袋，在作法1烤盤中，擠出約3至4公分直徑的圓錐片狀，表面分別篩上少許糖粉。
11. 將烤盤放入已預熱上火200℃／下火180℃的烤箱中，烘烤約15至20分鐘，取出放涼。
12. 待作法11夾心餅冷卻，取一塊均勻抹上約5公克的作法4巧克力餡，並蓋上另一塊，重複動作完成所有夾心餅即可。

重點步驟

① 蛋白糊的乾性發泡狀態，指的是以刮刀撈起時尖端堅挺完全不會滴落的狀態。

② 因烤烘時會膨脹，所以在擠出約3至4公分的圓錐片狀時，要記得保留安全間隔，才不會互相沾黏。

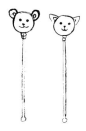

☺材料

A 全蛋　212 公克
　細砂糖　100 公克
B 在來米粉　118 公克
C 沙拉油　53 cc
　可可粉　18 公克
D 水　48 cc

① 以高速攪拌至有明顯紋路，意即全蛋糊有稍微的濃稠度。

② 拌至均勻狀態，也就是無乾粉且米糊細緻光滑的狀態，但也不能拌過久，以免消泡，影響到成品蓬鬆口感。

濃情巧克力蛋糕

🌀份量　12 個 7×4 公分圓形紙烤杯
🔥溫度　上火 190℃／下火 150℃
✳時間　15 至 20 分鐘

☺作法

1. 在來米粉過篩，備用。

2. 將材料A一起放入鋼盆中，以高速攪拌至有明顯紋路，改中速攪拌至以刮刀撈起時約2至3秒鐘才滴落1滴的狀態。

3. 加入作法1過篩的在來米粉，攪拌至均勻狀態。

4. 取材料C的沙拉油放入鍋中，加熱至約80℃，熄火加入可可粉攪拌至均勻。

5. 取1/3作法3米糊與水一起加入作法4攪拌均勻，再倒入剩餘的作法3米糊再次拌均勻。

6. 將作法5米糊倒入烤杯中約8至9分滿，輕敲烤杯。

7. 將烤杯放入已預熱上火190℃／下火150℃的烤箱中，烘烤至表面上色，將上火改為150℃繼續烘烤至熟透，全程約15至20分鐘，取出。

豆腐蛋糕

🌏 份量　1 個 35×25×3 長方烤盤
🔥 溫度　上火 180℃／下火 150℃
❄ 時間　15 至 20 分鐘

🍴材料

A 蛋白　50 公克
　　豆腐　60 公克
　　無糖豆漿　55 cc
　　沙拉油　50 cc
B 在來米粉　100 公克
C 蛋白　200 公克
　　細砂糖　90 公克
　　鹽　少許
D 芋頭餡　300 公克

🍳作法

1. 取 1 個長方烤盤，鋪入剪裁成適當大小的烤焙紙，備用。
2. 在來米粉過篩，備用。
3. 將材料A中的豆漿與豆腐一起攪打成泥狀，放入鋼盆中加入蛋白和沙拉油攪拌均勻。
4. 將已過篩的材料B倒入作法3中攪拌均勻，至米粉完全吸收成為質地均勻的米糊。
5. 取材料C放入另一鋼盆中，攪拌至濕性發泡穩定狀態。
6. 取 1/3 作法5蛋白糊放入作法4米糊中攪拌均勻。
7. 將作法6米糊倒入作法5剩餘的 2/3 蛋白糊中，充分攪拌至均勻。
8. 將作法7米糊倒入作法1烤盤中，以刮板抹平烤盤內的米糊表面，整型並輕敲烤盤底部。
9. 將烤盤移入已盛了熱水的烤盤，放入已預熱上火180℃／下火150℃的烤箱中，蒸烤約15至20分鐘，取出放涼。
10. 待作法9蛋糕冷卻，對切成兩塊，取一塊鋪平，均勻抹上一層芋頭餡，並蓋上另一塊，分切成適當大小即可。

重點步驟

① 豆漿和豆腐一定要攪拌成細緻的泥狀口感會較好。

② 以隔水烤焙的方式可加快熟成時間，不易上色，會讓蛋糕顏色較白又漂亮。

POINT

海綿蛋糕好吃的成功關鍵
在於混合成為米糊。加入
米粉時要快速拌勻，不可
有顆粒，加入油脂時也要
充分拌勻，若擔心不易拌
勻可取部分的米糊先拌
勻，再和其他的米糊一起
拌勻即可。

蜂蜜海綿蛋糕

🌐 份量　10 個 10×4 橢圓烤模
🔥 溫度　上火 190℃／下火 150℃
❄ 時間　20 至 25 分鐘

🍯 材料

A　蛋黃　90 公克
　　細砂糖　10 公克
B　蛋白　180 公克
　　細砂糖　90 公克
　　鹽　0.5 公克
C　在來米粉　100 公克
D　奶油　35 公克
　　牛奶　35 cc
　　蜂蜜　15 cc

🍮 作法

1. 在來米粉過篩，備用。
2. 奶油加熱至融化後保溫，備用。
3. 取所有材料A一起放入鋼盆中，以球狀打蛋器攪拌至顏色乳白且濃稠。〔圖1〕
4. 取材料B中的蛋白放入另一鋼盆中，倒入鹽及約1/3的細砂糖攪拌至顆粒完全溶化且泡沫變細小，再倒入另外1/3的細砂糖，攪拌至顆粒完全溶化。〔圖2〕
5. 倒入剩下的細砂糖，持續攪拌至濕性接近乾性發泡狀態。〔圖3〕
6. 作法5蛋白糊放入作法3蛋黃糊中稍加均勻。〔圖4〕〔圖5〕
7. 將已過篩的在來米粉倒入作法6中略拌。〔圖6〕〔圖7〕
8. 加入作法2融化的奶油與其他材料D，充分拌均勻。〔圖8〕
9. 取橢圓烤模，倒入作法8米糊（9分滿），整型並輕敲烤模底部。〔圖9〕
10. 將烤模放入已預熱的烤箱中，以上火190℃／下火150℃烘烤至表面上色時，將上火改為150℃繼續烘烤至熟透，約20至25分鐘後即可取出。

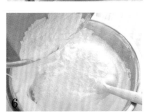

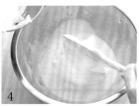

鹹蛋糕

- 🌏 份量　1 個 15×14×4.5 公分方形烤盤
- 🕐 溫度　中火蒸
- ✳️ 時間　約 20 分鐘

🥣 材料

A 蛋白　100 公克
　　細砂糖　100 公克
B 蛋黃　50 公克
C 蓬萊米粉　100 公克
　　奶粉　5 公克
D 水　10 cc
　　沙拉油　10 cc
E 素肉鬆　適量

🍳 作法

1. 取1個方形烤盤，鋪上一層烤焙紙，備用。
2. 將材料C混合過篩，備用。
3. 取材料A中的蛋白放入鋼盆中，倒入約1/3的細砂糖攪拌至顆粒完全溶化且泡沫變細小，再倒入另外1/3的細砂糖，攪拌至顆粒完全溶化。
4. 倒入剩下的細砂糖，持續攪拌至乾性發泡時，加入蛋黃攪拌均勻。
5. 倒入作法2已過篩的材料C，拌至米粉成為質地均勻的米糊。
6. 取另一鋼盆中放入材料D，取1/3作法5米糊放入，拌均勻後倒回剩餘的作法5米糊中再次拌均勻。
7. 將一半作法6米糊倒入作法1烤盤中，均勻撒上素肉鬆，再倒入剩下的米糊，以橡皮刮刀將米糊表面整型，均勻撒上素肉鬆並輕敲烤盤。
8. 將烤盤放入已預熱的蒸籠中，以中火蒸烤約20分鐘即可取出。

POINT

預熱的蒸籠和預熱的烤箱道理相同，使蛋糕在相同的溫度下熟成口感最好，蒸籠預熱方式將水先煮滾，轉小火放入要蒸的半成品，蓋上鍋蓋，轉大火，待水再次沸騰，轉至需要的火力後蒸至熟。

海苔素香鬆
蛋糕卷

🌐 **份量** 1個 35×25×3
公分長方形烤盤

🔥 **溫度** 上火190℃／下火140℃

✳ **時間** 約15分鐘

🥄材料

A 蛋黃　85公克
　　牛奶　65 cc
　　鹽　少許
　　沙拉油　44 cc

B 蓬萊米粉　98公克
　　玉米粉　11公克

C 蛋白　171公克
　　細砂糖　76公克

D 素食沙拉醬　適量
　　素香鬆　60公克

🍳作法

1. 取1個長方形烤盤，鋪入烤焙紙，備用。

2. 將材料B混合過篩，備用。

3. 取所有材料A一起放入鋼盆中攪拌均勻。

4. 將作法2已過篩的材料B倒入作法3中攪拌均勻，至米粉成為質地均勻的米糊。

5. 取材料C中的蛋白放入鋼盆中打至起泡，倒入約1/3的細砂糖攪拌至顆粒完全溶化且泡沫變細小，再倒入另外1/3的細砂糖，攪拌至顆粒完全溶化。

6. 倒入剩下的細砂糖，持續攪拌至濕性接近乾性發泡狀態。

7. 取1/3作法6蛋白糊放入作法4米糊中拌均勻，倒回剩餘的作法6蛋白糊中再次拌均勻。

8. 將作法7米糊倒入作法1烤盤中，以刮板抹平米糊表面，表面均勻撒上素香鬆並輕敲烤盤底部。

9. 將烤盤放入已預熱上火190℃／下火140℃的烤箱中，烘烤約15分鐘，取出放涼，去除烤焙紙。

10. 於乾淨桌面鋪上一張白報紙，將作法9蛋糕攤平，以抹刀均勻抹上一層素食沙拉醬，以擀麵棍輔助捲起包成圓筒狀，待定型後切塊即可。

黑糖蒸糕

🌏 份量　1個15×14×4.5 公分方形烤盤
🕐 溫度　中火蒸
✳ 時間　20 分鐘

🌿材料

A　蛋白　100 公克
　　細砂糖　20 公克
　　黑糖　80 公克
B　蛋黃　50 公克
C　蓬萊米粉　100 公克
　　奶粉　5 公克
D　水　10 cc
　　沙拉油　10 cc
E　黑白芝麻　適量

🍳作法

1. 取1個方形烤盤，鋪上烤焙紙，備用。
2. 將材料C混合過篩，備用。
3. 將細砂糖和黑糖混合均勻，備用。
4. 取材料A中的蛋白放入鋼盆中，倒入約1/3的作法3以球狀打蛋器攪拌，至顆粒完全溶化且泡沫變細小，再倒入另外1/3的作法3，攪拌至顆粒完全溶化。
5. 倒入剩下的作法3，持續攪拌至以刮刀撈起時尖端堅挺的乾性發泡狀態，加入蛋黃攪拌均勻。
6. 倒入作法2已過篩的材料C，攪拌至米粉成為質地均勻的米糊。
7. 取1/3作法6米糊放入另一鋼盆中，加入材料D，拌均勻後倒回剩餘的作法6米糊中再次拌均勻。
8. 將作法7米糊倒入作法1烤盤中，以刮板抹平烤盤內的米糊表面，均勻撒上黑白芝麻並輕敲烤盤。
9. 將烤盤放入已預熱的蒸籠中，以中火蒸烤約20分鐘即可取出。

重點步驟

① 本書中每道食譜在進烤箱前都會有一道「輕敲烤盤底部」的步驟，用意在於把不必要的空氣震出來，使米糊孔洞更小且細緻，約1至2下即可。

② 放入已預熱的蒸籠中與烤箱預熱的道理相同，能使蛋糕在相同溫度中熟成。（運用電鍋時，也要先將外鍋的水加熱後才能放入烤盤蒸烤。）

★ ★ ★ ★ ★

烘焙高手班

只要有心，就能習得一手好工夫，勇敢挑戰烘焙高手的香甜成就感。

製作米蛋糕二三事

Q1 為什麼不能把蛋黃曝露在空氣中？

A1 蛋黃在分離後最好盡快使用完畢，若要放置請將容器上蓋或包上保鮮膜阻絕空氣的接觸機會，若曝露在空氣中表面會結皮，在操作時會打不散，易形成硬塊，影響蛋糕成功。

Q2 為什麼蛋白打發的工具要完全乾燥？

A2 在製作蛋糕時常會遇到蛋黃、蛋白分開的狀況，要分開打發的原因在打發蛋白時，要注意不能遇到水及油脂，而蛋黃含有大量的油脂，就算不小心沾到都會破壞膠凝性導致無法打發，所以工具必須完全乾燥且乾淨。

Q3 為什麼蛋黃和糖必須等要用時才放在一起？

A3 因糖含有較高的滲透壓，若太早就放在一起會導致蛋黃脫水，很容易變成一點一點黃黃，有拌不散的狀況發生，成品出來也會破壞賣相與口感。

Q4 為什麼我的蛋糕不如店家販售的鬆軟？

A4 蛋糕的鬆軟需要大量的空氣，許多口感超級鬆軟的蛋糕，除了在打發及製作技巧上相當厲害，也會增加泡打粉、小蘇打粉、乳化劑這三種在遇熱時會產生二氧化碳的膨大劑，自己手作無添加的成品會稍微有點差別。

楓糖半月燒

- 🌏 份量　6 片
- 🔥 溫度　上火 210℃／下火 190℃
- ✳ 時間　約 10 分鐘

🥣 材料

A 蛋黃　45 公克
　　牛奶　23 cc
　　楓糖漿　9 公克
　　鹽　少許
　　沙拉油　18 cc

B 蓬萊米粉　41 公克
　　玉米粉　5 公克

C 蛋白　90 公克
　　細砂糖　32 公克

D 卡士達醬　360 公克
　　（參考 P.90 材料及作法）
　　打發鮮奶油　120 公克

E 罐頭水蜜桃　3 塊
　　奇異果　2 顆

F 防潮糖粉　適量

🥄 作法

1. 取 1 個大型烤盤，鋪入烤焙布，將直徑 8 公分的圓模型的杯口沾上米粉，在烤焙布上間隔壓出圓形記號，備用。

2. 將材料 B 混合過篩，備用。

3. 將材料 E 水果切塊，備用。

4. 將材料 D 放入鋼盆中攪拌均勻成內餡，放入裝有平口的擠花嘴袋中，備用。

5. 取所有材料 A 一起放入鋼盆中，攪拌均勻至砂糖和鹽的顆粒完全溶化。

6. 將已過篩的材料 B 倒入作法 5 中，攪拌至米粉成為質地均勻的米糊。

7. 取材料 C 放入另一鋼盆中，拌打至乾性發泡狀態。

8. 將作法 7 蛋白糊放入作法 6 米糊中攪拌均勻（可分次加入）。

9. 將作法 8 米糊放入平口擠花袋，在作法 1 烤盤中，依圓形記號擠出約直徑 8 公分的圓片。

10. 將烤盤放入已預熱上火 210℃／下火 190℃的烤箱中，烘烤約 10 分鐘，取出放涼。

11. 待作法 10 蛋糕片冷卻，每塊於半圓處擠上適量作法 4 內餡後對半折起，開口處填入適量作法 3 水果塊，再篩上少許防潮糖粉即可。

重點步驟

① 內餡要擠在中間位置，且量不能太多，以免摺起時爆開。

② 開口處填入水果塊，口味可依個人喜好替換，口味酸甜的較合適與卡士達醬搭配。

③ 對半摺起時不要太用力，且不封口，利用內餡的黏性保持蛋糕的半月彎度。

元寶

- 份量　12 個
- 溫度　上火 160℃／下火 200℃
- 時間　12 至 15 分鐘

材料

A 蛋黃　40 公克
　　沙拉油　17 cc
　　牛奶　34 cc

B 蓬萊米粉　27 公克
　　玉米粉　7 公克

C 蛋白　80 公克
　　細砂糖　36 公克

D 卡士達餡　360 公克
　　（參考 P.90 材料及作法）

作法

1. 1個大型烤盤，刷上一層素白油再撒上少許乾米粉，備用。
2. 將材料B混合過篩，備用。
3. 取所有材料A一起放入鋼盆中攪拌均勻。
4. 將作法2已過篩的材料B倒入作法3中攪拌均勻，至米粉成為質地均勻的米糊。
5. 取材料C放入鋼盆中，攪拌至濕性發泡狀態。
6. 將作法5蛋白糊放入作法4米糊中攪拌均勻。
7. 將作法6米糊放入平口擠花袋，在作法1烤盤中，間隔擠出約9×4公分的橢圓長條。
8. 將烤盤放入已預熱上火160℃／下火200℃的烤箱中，烘烤約12至15分鐘，趁熱鏟起放涼。
9. 分別在每個烤好的橢圓長條蛋糕中央適量擠入適量的卡士達餡，由蛋糕左右向中間摺並壓一下，形成包袱狀即可。

重點步驟

①作法7在擠米糊時，要記得保留安全間隔，並且盡量每個都是一樣大（厚）的橢圓長條，熟成時間才會相同。

②將卡士達餡放入擠花袋中會較方便擠出，份量也較易相同。

③由蛋糕左右兩邊向中間摺並輕壓一下，讓蛋糕黏在一起，就會形成包袱狀了。

虎皮蛋糕卷

🌏 份量　1 個 40×30 公分長方烤盤
🔥 溫度　上火 190℃／下火 140℃
✳ 時間　約 25 分鐘

🌿材料

巧克力戚風蛋糕
A 沙拉油　78 cc
　可可粉　40 公克
B 蛋黃　155 公克
　鹽　少許
　水　77 cc
　牛奶　15 cc
C 蓬萊米粉　140 公克
　玉米粉　15 公克
D 蛋白　310 公克
　細砂糖　170 公克
虎皮蛋糕
E 蛋黃　235 公克
　糖粉　82 公克
F 玉米粉　35 公克
G 鮮奶油（打發）　150 公克

🔥作法

巧克力戚風蛋糕

1. 取1個長方烤盤，鋪入剪裁成適當大小的烤焙紙，備用。
2. 材料C混合過篩，備用。
3. 取材料A的沙拉油放入鍋中，加熱至約80℃，熄火加入可可粉攪拌均勻。
4. 將材料B及作法3於鋼盆中，攪拌至顆粒完全溶化，續加入作法2過篩的材料C攪拌至均勻狀態。
5. 取材料D中的蛋白放入另一鋼盆中，持續攪拌至濕性接近乾性發泡狀態（糖可分次放入）。
6. 將作法5蛋白糊放入作法4米糊中攪拌均勻。
7. 將作法6米糊倒入作法1烤盤中，以刮板抹平烤盤內的米糊表面，整型並輕敲烤盤。
8. 將烤盤放入已預熱上火190℃／下火140℃的烤箱中，烘烤約25分鐘，取出即可。

虎皮蛋糕

9. 取1個40×30公分長方烤盤，鋪入剪裁成適當大小的烤焙紙，備用。
10. 材料F過篩，備用。
11. 將材料E放入鋼盆中，以高速攪拌至體積膨大並呈乳白色，改中速攪拌至以刮刀撈起時約2至3秒鐘才滴落1滴的狀態。
12. 加入作法10過篩的材料F，先以慢速攪拌2至3下，再改中速攪拌至的均勻狀態。
13. 將作法12蛋黃糊倒入作法9烤盤中，以刮板抹平烤盤內的米糊表面，整型並輕敲烤盤。
14. 將烤盤放入已預熱上火190℃／下火140℃的烤箱中，烘烤約5至8分鐘，取出即可。
15. 鮮奶油打發，備用。

完成虎皮蛋糕卷

16. 於乾淨桌面鋪上一張白報紙，先將虎皮蛋糕攤平，以抹刀均勻抹上一層打發鮮奶油，對齊疊上巧克力戚風蛋糕，再次以抹刀均勻抹上一層打發鮮奶油。
17. 以擀麵棍輔助捲起包成圓筒狀後移入冰箱冷藏，待定型後切塊即可。

重點步驟

①薄塗一層鮮奶油，僅為黏著用，若抹太厚會滑動不易操作且易將鮮奶油擠出。

②對齊疊上時並不是上下左右完全對齊，而是前面要稍留1公分，預留捲起處。

③初學者對捲起這個動作不太熟悉，可以用運用擀麵棍輔助，更好使力。

④第一次捲起時，不要一次太多，且要稍微向下輕壓，從旁確認已緊密時再順著將蛋糕捲完畢，並立即以白報紙固定，放入冰箱冷藏定型。

香蘭奶凍卷

- ❤ 份量　1 個 35 公分長條卷
- 🕐 溫度　上火 190℃／下火 140℃
- ❄ 時間　15 至 20 分鐘

POINT

將新鮮香蘭葉洗淨,以剪刀剪成小段,加入少許水,放入果汁機打成泥狀再濾出汁液即為香蘭汁,香氣十足,充滿南洋風味。

🥥 材料

香蘭蛋糕

A 蛋黃　95 公克
　　鹽　少許
　　香蘭汁　52 cc
　　沙拉油　28 cc
　　牛奶　10 cc

B 蓬萊米粉　85 公克
　　玉米粉　10 公克

C 蛋白　190 公克
　　細砂糖　80 公克

椰香奶凍

D 無鹽奶油　13 公克
　　植物性鮮奶油　90 公克
　　鮮奶　180 cc
　　椰漿　65 cc

E 細砂糖　36 公克
　　果凍粉　6 公克

F 玉米粉　37 公克
　　鮮奶　76 cc

內餡

G 打發鮮奶油　適量

🍮 作法

香蘭蛋糕

1. 取1個35公分長方形烤盤,鋪入剪裁成適當大小的烤焙紙,備用。
2. 將材料B混合過篩,備用。
3. 取所有材料A一起放入鋼盆中攪拌均勻。
4. 將已過篩的材料B倒入作法3中攪拌均勻,至米粉成為質地均勻的米糊。
5. 取材料C的蛋白放入另一鋼盆中,倒入約1/3的細砂糖攪拌至顆粒完全溶化且泡沫變細小,再倒入另外1/3的細砂糖攪拌至顆粒完全溶化。
6. 倒入剩下的細砂糖,持續攪拌至濕性接近乾性發泡狀態。
7. 取1/3作法6蛋白糊放入作法4米糊中拌均勻。
8. 將作法7米糊倒入作法6剩餘的2/3蛋白糊中,充分拌均勻。
9. 倒入作法8米糊於烤盤中,以刮板將米糊表面抹平,並輕敲烤盤。
10. 將烤盤放入已預熱上火190℃／下火140℃的烤箱中,烘烤約15至20分鐘。

椰香奶凍

11. 材料E與F分別拌勻,備用。
12. 材料D放入鍋中煮沸,加入作法11拌勻的材料E續煮至沸騰,再加入拌勻的材料F快速拌勻煮成糊狀。
13. 將作法12倒入長條模型中,封上保鮮膜放涼,移入冰箱冷藏至凝固。

香蘭蛋糕卷

14. 將椰香奶凍切成長條狀,備用。
15. 乾淨桌面上鋪一張白報紙,將放涼的香蘭蛋糕攤平,以抹刀均勻抹上一層打發的鮮奶油,再一端放上椰香奶凍,捲起包成圓筒狀,移入冰箱冷藏,待定型後切塊即可。

①椰香奶凍切成厚度約1.5
公分的長條狀最適當，
不要太厚以免蛋糕包裹
不住，捲不起來。（奶
凍的軟硬度可依個人喜
好調整果凍粉用量。）

②打發的鮮奶油抹在蛋糕
上時，要有一半稍厚
些，因椰香奶凍形狀為
方形，怕捲起時較不服
貼，可以鮮奶油去補足
空隙。

材料

A 蛋黃　52 公克
　　鹽　少許
　　牛奶　31 cc
　　沙拉油　18 cc
B 在來米粉　52 公克
C 蛋白　103 公克
　　細砂糖　44 公克
D 吉利 T　12 公克
　　細砂糖　27 公克
E 水　363 cc
　　即溶咖啡粉　2 公克

重點步驟

① 咖啡凍液必須要小心注意，若冷卻過久會呈固體布丁狀，一定要是尚未凝固的濃稠狀，才能與蛋糕黏著結合。

② 迅速將冷卻的蛋糕覆蓋在咖啡凍液上，咖啡凍液亦不能太軟，蛋糕體才不會吸入過多水分，壞了蛋糕口感。

③ 脫膜時要注意烤模旁邊的果凍是否都離模了，若有沾黏時可先以抹刀或竹籤將周圍畫過一遍後再脫膜較保險。

咖啡凍米蛋糕

🍃 份量　1 個 15×14×4.5 公分方形烤盤
🔥 溫度　上火 190℃／下火 140℃
❄ 時間　15 至 20 分鐘

作法

1. 取1個方形烤盤，鋪入剪裁成適當大小的烤焙紙，備用。
2. 在來米粉過篩，備用。
3. 取所有材料A一起放入鋼盆中攪拌均勻。
4. 將作法2已過篩的材料B倒入作法3中攪拌均勻，至米粉成為質地均勻的米糊。
5. 取材料C的蛋白放入鋼盆中，倒入約1/3的細砂糖攪拌至顆粒完全溶化且泡沫變細小，再倒入另外1/3的細砂糖，攪拌至顆粒完全溶化。
6. 倒入剩下的細砂糖，持續攪拌至濕性接近乾性發泡狀態。
7. 取1/3作法6蛋白糊放入作法4米糊中拌均勻，再倒回作法6剩餘的2/3蛋白糊中，充分拌均勻。
8. 將作法7米糊倒入作法1烤盤中，以刮板將米糊表面抹平，並輕敲烤盤。
9. 將烤盤放入已預熱上火190℃／下火140℃的烤箱中，烘烤至表面上色，將上火改為150℃繼續烘烤至熟，全程約15至20分鐘，取出放涼。
10. 將材料D混合均勻，備用。
11. 將材料E的水加熱至80℃，再放入作法10拌勻續煮至溶化後熄火，加入即溶咖啡粉攪拌勻即為咖啡凍液。
12. 將作法11倒入另1個15×14×4.5公分方形烤盤中，待稍冷卻呈濃稠狀，放上作法9冷卻的蛋糕，待咖啡凍和蛋糕體結合凝固，脫膜後切塊即可。

蛋糕裝飾基礎班

裝點蛋糕，美味更加分！

裝點蛋糕卷

蛋糕有著香甜濃郁的幸福氣味，再擠上鮮奶油美美的端出，人氣加倍。

將打鮮奶油裝入擠花袋中，依自己喜好慢慢的擠出一個一個雅緻花紋在蛋糕卷上。

用筷子將咖啡豆一一排入擠花與擠花的中間作裝飾。

註：咖啡豆是為了配合豆漿拿鐵蛋糕卷的口感而選擇，若是其他款口味，可依各人喜好替換成其他堅果類食材或金箔片皆可。

裝點杯子蛋糕

發揮創意，簡單的杯子蛋糕也能創造無限可能。

均勻塗上一層巧克力醬，不用太多以免過甜。

放上早餐的玉米脆片與珍珠糖，不只漂亮，吃來口感也更豐富。

註：巧克力醬是為了配合此款口味，亦可替換成鮮奶油或蜂蜜，目的在黏住食材＆增加風味。

常用的擠花嘴

能擠出什麼花紋呢？

用來擠出大一點的圓片或圓錐狀。

用來拉出細線，可用在千葉紋蛋糕畫出蛋黃色線條或裝飾格紋蛋糕等。

用來擠花，依力道與用力方向可做出至少三種不同的花紋。

米粉還能作什麼點心呢？

餅乾、薄餅、披薩、甜甜圈無一不可，不複雜的純粹美味，怎麼吃也不會膩。

薰衣草米餅乾

🌐 份量　約 40 片
🔥 溫度　上火 180℃／下火 160℃
❄ 時間　約 10 分鐘

🌱材料

A　無鹽奶油　100 公克
　　糖粉　40 公克
B　蛋白　30 公克
C　在來米粉　50 公克
D　乾燥薰衣草　5 公克

POINT
乾燥薰衣草亦可依個人喜好替換成其他香草。

🥄作法

1. 取一個大型烤盤，鋪入適當大小的烤焙布，備用。

2. 無鹽奶油靜置於室溫下軟化；糖粉、在來米粉分別過篩，備用。

3. 取所有材料A放入鋼盆中攪拌均勻，打發至體積略膨大並顏色轉白。

4. 將蛋白分次加入作法3奶油糊中，待每次攪拌均勻至完全吸收後，再倒入另外的蛋白持續攪拌至再次完全吸收。

5. 加入過篩好的材料D在來米粉，攪拌至均勻狀態。

6. 將作法5米糊放入平口擠花袋，在作法1烤盤中，間隔擠出每個約5公克的圓麵糊，中間分別撒上少許乾燥薰衣草。

7. 將烤盤放入已預熱上火180℃／下火160℃的烤箱中，烘烤至表面上色，將上火改為150℃繼續烘烤至熟透，全程約10分鐘即可取出。

杏仁蛋白餅

- 🌏 份量　45 個
- 🕐 溫度　上火 200℃／下火 180℃
- ✳ 時間　約 10 分鐘

🍥材料

A 蛋白　96 公克
　　細砂糖　47 公克

B 杏仁粉　128 公克
　　糖粉　52 公克
　　在來米粉　28 公克

C 杏仁角　適量

POINT

亦可將烤好的餅乾直接
沾裹融化的巧克力作為
裝飾與口味變化。

🍥作法

1. 取一個大型烤盤，鋪入剪裁成適當大小的烤焙
   紙，備用。

2. 取材料A中的蛋白放入鋼盆中，倒入約1/3的細砂
   糖攪拌至顆粒完全溶化且泡沫變細小，再倒入另
   外1/3的細砂糖，攪拌至顆粒完全溶化。

3. 倒入剩下的細砂糖，持續攪拌至以刮刀撈起時尖
   端堅挺的乾性發泡狀態。

4. 加入過篩好的材料B，拌至完全均勻狀態。

5. 將作法4米糊放入平口擠花袋，在作法1烤盤中，
   間隔擠出每個約7公分的長條米糊，表面分別撒
   上少許杏仁角。

6. 將烤盤放入已預熱上火200℃／下火180℃的烤
   箱中，烘烤至表面金黃酥脆，約10分鐘取出。

杏仁瓦片

- 🌀 份量　約 40 片
- 🕐 溫度　上火 150℃／下火 150℃
- ❋ 時間　15 至 20 分鐘

🍥 作法

1. 取一個大型烤盤，鋪入適當大小的烤焙布，備用。
2. 將材料A放入鋼盆中，攪拌至砂糖顆粒完全溶化的狀態。
3. 加入過篩好的材料B，攪拌至完全均勻狀態。
4. 加入杏仁片拌勻，靜置約30分鐘以上（可變更濃稠）。
5. 以湯匙舀取適量作法4杏仁片米糊，以6公分的間隔倒在作法1烤盤中，以手指沾水將米糊推開成每個約8至9公分直徑的圓型薄片。
6. 將烤盤放入已預熱上火150℃／下火150℃的烤箱中，（將烤盤放入烤箱中層）烘烤約15至20分鐘即可取出。

🍡 材料

A　全蛋　80 公克
　　蛋白　106 公克
　　細砂糖　130 公克
B　蓬萊米粉　60 公克
　　玉米粉　6 公克
C　薄杏仁片　200 公克

POINT

製作時需將杏仁片推開，不要重疊才能做出薄脆的口感。

♨材料

A 全蛋 　123 公克
　　細砂糖 　108 公克
B 蓬萊米粉 　150 公克
C 沙拉油 　30 cc
　　牛奶 　45 cc
　　蜂蜜 　14 cc
D 紅豆餡 　350 公克

銅鑼燒

🌐份量 　9 至 10 個
🕯溫度 　中小火煎
❉時間 　約 3 至 5 分鐘

POINT
好吃的祕密在於米糊中加少許蜂蜜，這可以使銅鑼燒味道更香、口感柔潤。

✍作法

1. 蓬萊米粉過篩；材料C拌勻，備用。
2. 將材料A放入鋼盆中，攪拌至濃稠且以刮刀撈起時約2至3秒鐘才滴落1滴的狀態。
3. 加入過篩好的蓬萊米粉，拌至完全均勻狀態。
4. 鋼盆中放入材料C，取1/3的作法3加入拌勻，再回倒於作法3中拌勻。
5. 以適當大小的湯匙舀取作法4米糊，倒入已抹油且預熱的平底鍋中，以中小火煎至米糊表面乾燥小氣泡破掉時。
6. 翻面續煎2至3秒鐘盛出，重覆步驟將所有米糊都煎好，放涼備用。
7. 取一片作法6煎好的圓餅，填入適量紅豆餡，再蓋上另一片煎好的圓餅，稍微壓緊使邊緣密合即可。（重覆步驟將所有小圓餅用畢）

肉桂糖米甜甜圈

🌐 份量　10 個
🔥 溫度　180℃
✳ 時間　約 3 至 5 分鐘

🍯 材料

A 水　120 cc
　　沙拉油　90 cc
　　細砂糖　12 公克
　　鹽　1 公克
B 蓬萊米粉　120 公克
C 全蛋　162 公克
D 肉桂粉　15 公克
　　細砂糖　15 公克

🍴 作法

1. 取1個大型烤盤，鋪入裁成適當大小的烤焙紙，撒上少許蓬萊米粉，備用。

2. 材料C打散，備用。

3. 將材料A放入鍋中以中小火煮沸，加入材料B繼續拌煮至鍋底出現白色薄膜，熄火。

4. 將糊化的作法3米糊放入攪拌缸中，以槳狀攪拌器拌打至溫度降至50至60℃之間，將作法2蛋液分三次加入米糊中攪拌，每次都需攪拌至米糊吸收蛋液後，才能再次加入持續攪拌至完全吸收。

5. 將作法4持續攪拌至米糊以刮刀撈起呈倒三角形垂落卻不滴落的狀態。

6. 將作法5米糊放入裝有菊花嘴的擠花袋中，在作法1烤盤中間隔擠成適當大小的圓圈狀。

7. 取一鍋倒入適量油以中火燒熱至約180℃，將作法6圓圈米糊沿鍋邊輕輕滑入鍋中，兩面翻炸約3至5分鐘，至膨脹均勻且顏色呈金黃色，撈起瀝油後，放回烤盤中冷卻，重覆動作至所有材料用畢。

8. 將材料D混合均勻，放入小篩網，在作法7炸好的甜甜圈，趁熱於表面上均勻撒上一層肉桂糖即可。

POINT

若一次作太多吃不完，可放入冰箱冷藏，想再食用時只要入鍋再炸一回，不只會回酥，還會再次膨脹起來，好看又好吃唷！

千層派

🌏 份量 1 個

🍰 材料

A 法式薄餅 14 片
（作法請參考 P.94）

B 植物性鮮奶油 160 公克
康途酒 適量

註：康途酒就是柑橘酒，也有人會買君度橙酒，可用於烘焙點心或調酒上，例如法國可麗餅最後淋上製造火燄效果的酒，就是康途酒，可於洋酒專賣店、好士多、食品材料行購買的到。

卡士達餡（350 至 400 公克）

A 鮮奶 300cc
奶油 30 公克

B 細砂糖 45 公克
全蛋 65 公克
蓬萊米粉 10 公克
玉米粉 20 公克

🍰 作法

1. 將材料 B 拌勻，備用。

2. 將材料 A 倒入鍋中煮至大滾後熄火，倒入作法 1 中並拌勻，續煮至成凝膠狀，並以打蛋器拌打至舀起時不會滴落的程度。

POINT
將法式薄餅貼上保鮮膜再以塑膠袋密封放入冰箱冷凍定型，可預防餅皮變乾。

🍰 作法

1. 將製作好的卡式達內餡趁熱時倒入平盤中，以保鮮膜覆蓋，靜置待涼。

2. 將鮮奶油拌打至約7分發加入康途酒，一起加入放涼的卡士達內餡，拌勻後放入冰箱冷藏至冰涼的狀態。

3. 將一片法式薄餅攤開，抹上一層薄薄的卡士達餡，將法式薄餅與塗抹內餡重複堆疊後，放入冰箱冷凍至定型後切片即完成。

巴西麵包

🌐 份量　23 至 25 個
🕐 溫度　上火 190℃／下火 170℃
✳ 時間　20 至 25 分鐘

🍚 材料

A　牛奶　280 cc
　　奶油　84 公克
　　細砂糖　42 公克
　　鹽　3 公克
B　糯米粉　210 公克
　　樹薯粉　70 公克
C　全蛋　67 公克
D　起司粉　56 公克
　　黑芝麻　28 公克

POINT

樹薯粉是粉圓的原料，與糯米粉搭配就有麻糬的QQ口感。

🍥 作法

1. 取1個大型烤盤，鋪入烤焙布，備用。
2. 材料B混合過篩，備用。
3. 將材料A放入鍋中煮沸後熄火，趁熱加入已過篩的材料B攪拌至均勻吸收。
4. 將糊化的作法3米糊放入攪拌缸中，以圓狀攪拌器拌打至溫度稍降，倒入材料C1/3蛋液攪拌至完全吸收，續再加入1/3蛋液，持續攪拌至再次吸收。
5. 將剩餘蛋液倒入繼續攪拌至完全吸收後，加入材料D混合均勻。
6. 取出作法5米糰搓成長條形後分割成每個約35公克的小糰，整型成圓球狀。
7. 將作法6米糰間隔放入作法1烤盤中，放入已預熱的烤箱中，以上火190℃／下火170℃烘烤約20至25分鐘即可取出。

材料

A 全蛋　110 公克
　細砂糖　55 公克
　鹽　2 公克
B 蓬萊米粉　138 公克
C 融化奶油　28 公克
　牛奶　83 cc
D 奶油　1 小塊
　水果乾　適量
　楓糖漿　適量

米香甜鬆餅

🍡 份量　7 至 8 個
🔥 溫度　小火煎
⏰ 時間　約 3 至 5 分鐘

作法

1. 蓬萊米粉過篩，備用。

2. 材料C拌勻，備用。

3. 將材料A放入鋼盆中，攪拌至以刮刀撈起時蛋糊約2至3秒鐘才滴落1滴，且流下來的米糊紋路明顯不易消失的狀態。

4. 加入作法1過篩好的蓬萊米粉，拌至完全吸收的均勻狀態，加入作法2拌好的材料C，再次拌均勻。

5. 以適當大小的湯匙舀取作法4米糊，倒入已抹油且預熱的平底鍋中，以小火煎至米糊表面小氣泡破掉，翻面續煎至表面乾燥，盛出，重覆步驟將所有米糊都煎好，放涼備用。

6. 將作法5煎好的鬆餅放入盤中，放上材料D1小塊奶油及水果乾和楓糖漿即可。

薄片米披薩

- ❤ 份量　5 個
- ◐ 溫度　中小火
- ✳ 時間　8 至 10 分鐘

🍵 材料

A　在來米粉　100 公克
　　細砂糖　6 公克
　　鹽　1 公克
　　奶粉　12 公克
B　全蛋　25 公克
　　水　108 cc
C　番茄醬　50 cc
　　義大利綜合香料　少許
D　小番茄片　10 個
　　水煮洋菇丁　5 個
　　青椒丁　20 公克
　　玉米粒　20 公克
E　乳酪絲　200 公克
F　黑胡椒粉　少許
　　起司粉　少許

🔥 作法

1. 將在來米粉和奶粉混合過篩，備用。
2. 材料A放入鋼盆中攪拌均勻，加入材料B全蛋和水繼續拌至完全均勻的米糊。
3. 取1平底鍋預熱，以紙巾抹上一層薄薄的油，以湯匙舀取50公克的作法2米糊，倒入攤平後以中小火煎至米糊變色且凝固即為餅皮。
4. 將材料C番茄醬和義大利綜合香料拌勻，取適量放入鍋中的餅皮上並抹勻，均勻撒上乳酪絲，再依序放入所有材料D。
5. 均勻撒上剩餘的乳酪絲，蓋上鍋蓋以小火烘烤8至10分鐘。
6. 待表面乳酪絲融化，且餅皮底部呈金黃色，取出撒上黑胡椒粉及起司粉調味即可。

POINT

烘烤時因皮薄要特別注意火候，米披薩才會色澤漂亮以免乳酪絲還沒溶化餅皮已經焦了。如喜較酥脆的口感可於鍋中加入少許油。

法式薄餅

- 🌀 份量　13 至 14 片
- 🔥 溫度　中小火煎
- ✳️ 時間　約 3 分鐘

🥄 材料

A　全蛋　232 公克
　　細砂糖　50 公克
B　蓬萊米粉　212 公克
C　牛奶　425 cc
　　康途酒　20 cc
D　奶油　30 公克
　　沙拉油　30 cc
E　蜂蜜或果醬　適量
　　新鮮水果或香草　少許

🔥 作法

1. 奶油隔水融化，備用。
2. 蓬萊米粉過篩，備用。
3. 將材料A放入鋼盆中，攪拌均勻至砂糖完全融化。
4. 加入作法2過篩好的材料B，攪拌至完全吸收至無顆粒的均勻狀態。
5. 加入材料C再次攪拌均勻，加入作法1融化的奶油和沙拉油，攪拌至均勻。
6. 取一個約8吋的平底鍋預熱，以紙巾塗上一層薄薄的油。
7. 以適當大小的湯匙舀取約70至75公克的米糊，倒入攤平後以中小火煎至邊緣呈金黃色，即為法式薄餅。
8. 將薄餅摺成三角形狀，放入盤中，淋上適量蜂蜜或果醬，再裝飾上新鮮水果或香草即可。

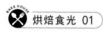
烘焙食光 01

大人小孩都愛的米蛋糕
沒有麵粉也能作蛋糕

作　　者／杜麗娟
發 行 人／詹慶和
執行編輯／林昱彤・劉文宜・陳昕儀・詹凱雲
編　　輯／劉蕙寧・黃璟安・陳姿伶
執行美編／王婷婷・周盈汝・韓欣恬
美術編輯／陳麗娜
攝　　影／數位美學・賴光煜
繪　　圖／范思敏
出 版 者／良品文化館
發 行 者／雅書堂文化事業有限公司
郵撥帳號／18225950　戶名：雅書堂文化事業有限公司
地　　址／220新北市板橋區板新路206號3樓
電　　話／(02) 8952-4078
傳　　真／(02) 8952-4084
網　　址／www.elegantbooks.com.tw
電子郵件／elegant.books@msa.hinet.net

2024年1月四版一刷　定價300元

經銷／易可數位行銷股份有限公司
地址／新北市新店區寶橋路235巷6弄3號5樓
電話／（02）8911-0825　傳真／（02）8911-0801

國家圖書館出版品預行編目(CIP)資料

大人小孩都愛的米蛋糕：沒有麵粉也能作蛋糕 / 杜麗娟著.
-- 四版. -- 新北市：良品文化館出版：雅書堂文化事業有限
公司發行, 2024.01
　面；　公分. -- (烘焙食光；1)
ISBN 978-986-7627-55-1(平裝)

1.CST: 點心食譜

427.16　　　　　　　　　　　　　　　　112019071

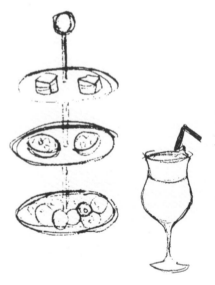